◎孙 磊 著

科技工作者职业伦理中国化史论

以中华自然科学社社史为中心（1927—1949）

山西出版传媒集团 ⊛ 三晋出版社

本书为 2019 年国家社科基金重大项目
《中国近代科学社团资料的整理、研究及数据库建设》
（项目编号：19ZDA214）的阶段性成果

本书受到山西省高等学校哲学社会科学研究项目
（项目编号：2019W190）资助

序

　　科技工作者职业伦理是科学技术史学科新兴的研究领域。2008 年,英国科学史学家史蒂文·夏平(Steven Shapin)出版 The scientific life:A Moral History of A Late Modern Vocation(Chicago and London:The University of Chicago Press,2008.)一书,显示职业伦理研究理念正式进入科学史学科,指导科学史学科研究者以职业理念为导向,用职业伦理的学理逻辑,深入开展科技工作者群体的科学社会史研究。开展科技工作者职业伦理研究具有重要的学术价值,预流科学社会学学理发展脉络。20 世纪 90 年代以来,科学社会学关于科学的社会建制理论日益置于职业工作范畴,基于作为有用知识的科技知识经由社会建制化产生社会弥漫性影响这一职业工作原理,也就是福柯指出的"知识即权力"的知识社会运行规律,考察科学的社会建制的形成理路与作用逻辑,用科研工作的职业化抽绎科学的社会建制的现实形态及其演进逻辑。到 2008 年夏平的著作出版后,职业工作范畴上的科学的社会建制理论研究开始转向科研工作中的职业伦理方向,致力于考察科研工作职业化的道德伦理意涵与科学的社会建制的互动关系,揭示科研工作的职业道德律赋予科学的社会建制运行上的行动伦理意涵,用来把握科学的社会建制的根本属性之制度正义,这就将科学的社会建制理论研究推进到运行逻辑层面,深化科学社会学对于知识社会这一科技知识的社会弥漫性影响规律的学理认知。本书正是在这一逻辑进路上,展开关于科技工作者职业伦理中国化为主题的研究与论述。

　　科技工作者职业伦理中国化是亟待开发的主题论域,民国时期高校和科研院所这类承载科研工作的社会建制兴起,使得科技工作者职业化趋势得以形成。科技工作者的职业角色形塑了自身的社会形象,通常体现为科技工作者科研工作所遵循的科学的精神气质因素,这是科研工作专业化的意识形态象征。但是职业角色的社会形象形塑也有赖于社会文化认可,以获得其他社会建制的物质与精神上的回馈性支持,从而参与社会建制系统的组构与运行以获得稳定的社会建制身份,这就需要职业角色蕴涵利他主义的道义要求,具备与其他社会建制应然互馈在社会道德伦理上的行动理据,那么职业角色必然要凝练存在与运行的利他主义伦理规范,可称之为职业伦理,这是科技工作者职业伦理的学理依据。职业伦理的利他主义属性具有语境规定意涵,需要适应具象的社会文化对于善的规定性的伦理要求,回归到近代以来的中国社会,科研工作的利他主义性质实现社会伦理接纳过程就需要具体分析。科研工作在近代以来的中国实现社会化,成为得到社会观念认同的职业,其中也必须生成为社会伦理所接纳的职业伦理,这也就是说,科技工作者职业伦理的生成是科研工作形成职业所依赖的社会认同机制,只有经过社会伦理对科研工作的利他主义性质的接纳过程,科研工作才能在历时化进程中演化为科技工作者职业。那么,在科技工作者作为一种职业在中国社会得以形成的民国时期,考察当时科技工作者的职业伦理生成就具有重要性和必要性,这也是本书以民国科技工作者职业伦理生成史考作为主题域的选择理据。

纵观中国近现代科学社会史,社会文化之所以能够接纳科研工作的利他主义性质,其中的关键在于科研工作的职业化。这一职业化进程以科研工作的功利主义作为价值引领,在科研工作引入中国社会的民国之初,称之为"科学救国",在科研工作职业化日益深入的抗日战争时期,称之为"科学建国",使得科研工作建制化进程被赋予了社会伦理合理性,进而动员与汇集社会资源,形成了科技工作者职业化历程。民国科技工作者对于科研工作的道德伦理建构依托于综合性科学社团,综合性科学社团以科技工作者集体努力促进科技进步及其社会应用作为活动宗旨,充分表达当时中国科技工作者对于科研工作利他主义性质的认识,在职业伦理生成意义上配合科技工作者职业化的社会进程。20 世纪 20 年代后期,国内自然科学和工程技术学科学生聚合创办中华自然科学社,他们在社团活动中,始终采行为科研工作的道德伦理合价值性辩护的宗旨与行动,使得中华自然科学社参与到中国科技工作者职业化进程中,聚合了民国大多数科技工作者,凝聚与发展国内科技工作者关于科研工作的利他主义性质的共识,这一社团的社史体现了民国科技工作者职业伦理的形成过程。本书选择中华自然科学社作为研究对象,纳入民国科技工作者职业伦理生成的主题域中,以民国科技工作者职业伦理生成的依托性社会机制之综合性科学社团作为基本域,选取始终致力于凝练中国科技工作者职业伦理的中华自然科学社作为基本点,旨在由点及面深入分析当时中国科技工作者职业伦理生成路径与面向,把握与呈现中国科技工作者职业伦理的生成脉络,起到追根溯源的历史作用,这也是科学社会史为科学社会学理论建构提供社会历史依据的题中之义。

前　言

在 20 世纪上半叶的中国,中华自然科学社是历时较长、影响较大的综合性科学社团。1927 年 9 月,中央大学理工科大学生秉持在中国增进与应用科技知识的理念,在校内结社,组建了中华自然科学社。到 20 世纪 30 年代初,社员相继成长为职业科技工作者,"九一八"事变后,国内科技工作者群体在科学救国思潮影响下,他们从科技工作者职业身份出发认识到自身的科学救国责任,总结晚清以来科技知识在中国的发展历程,认为中国科技事业发展缓慢的症结在于科技知识没有得到广泛社会应用,于是将普及科技知识视同为应用科技知识的有效途径。从 1932 年开始,直至 1937 年,社员编行科普刊物《科学世界》,致力于科技知识的大众化,以促进科技知识在中国的应用,并确立社务活动宗旨为在中国增进与普及科技知识,推动社团演变为以国内职业科技工作者为主体的综合性科学社团。全面抗战爆发后,迁移至大后方的社员于 1938 年在重庆中央大学重建总社,恢复了社务活动,在当时科技工作者群体以科技知识贡献于抗战建国事业的社会思潮中,继续开展以《科学世界》为中心的科学普及活动,直至抗战结束;同时在 1942—1945 年,面向英美科学界发行综合性英文科学刊物《中国科学通讯》,展开战时中外科技知识交流,以发展中国科研工作。抗战结束后,总社在 1946 年夏迁回南京中央大学旧址,恢复了在国内的社务活动,从 1947 年到 1949 年,持续编行《科学世界》,令刊物成为民国时期发行时间最长的科普期刊;还创办了用于对外科技知识交流的综合性英文刊物《中国科学与建设》,作为《中国科学通讯》的延续。战后时期的中华自然科学社在国内科技工作者群体中具有较大影响力,首先是规模显著,到 1947 年底,社员总数达到 2000 人以上,分布于自然科学、医药卫生、工业技术与农业科学等民国科学各领域。其次是与中国科学社发挥同等影响力,在 1946 年时与中国科学社合组中国科学促进会;1947 年时与中国科学社合作,联合其他专门性科学社团,举办七科学团体联合年会;1949 年时与中国科学社、中国科技工作者协会、东北自然科学研究会一道,联合发起组织中华全国自然科技工作者代表大会筹备会。中华人民共和国成立后,增进与普及科技知识成为政府职能,中华自然科学社的社务活动渐趋停顿,在 1951 年 3 月底结束社务,完成历史使命。

上述发展历程与主要社务活动表明,在民国科学社会史上,中华自然科学社增进与普及科技知识的社务宗旨及其实践得到国内科技工作者群体认同,并因此发展成为与中国科学社齐名的综合性科学社团。本书认为,这一科学社会史现象具有深刻的研究意蕴,反映民国科技工作者职业伦理形成的过程。具体来说,科技工作者职业伦理是以科技工作者职业理念为前提的。科技工作者职业理念以发挥科学知识的工具性专长为内涵,在科学知识及其实践之间建立起维系理论与实践的结构性联系,形成将科研工作的理性化模式转化为社会发展的理性化目标的职业目的。由于"令社会理性化"本身意谓构建"理性"这一现代社会道德,所以这一职业目的在于表达科技工作者职业具有符合现代社会的理性化道德的价值取向,而这是通过生成有效运用科技知识要以理性为价值取向的制度性规范来实现的,表现为建立起有关科技工作者职业的道德准则,也就是以理性为价值取向。从科技工作者职业的理性目的与社会目的出发,构建有效运用科技知识的制度性规范,形成本质上是制度伦理的科技工作者职业伦理的内涵。返视中华自然科学社社史,增进与普及科技知识正是科技工作者职业理念的体现,旨在持续应用科技知识指导实践,也就是发挥科学知识的工具性专长,所以作为由多门学科科技工作者组成的综合性科学社团,中华自然科学社维系不同学科科技工作者于社内的理念,正是科技工作者职业理念成为民国科技工作者有效运用科技知识的社会建制。深入来看,科技工作者职业理念的根本目的在于实现社会理性化目标,令中华自然科学社成为运行具有理性化意义的公共事务的社会建制,从学理上来说是一种公共领域建制,承载的是科技工作者职业具有符合现代社会的理性化道德的价值取向,表征民国科技工作者对于自身职业伦理的认识。因此,本书以科技工作者职业伦理的养成作为研究本旨,分章设节,对中华自然科学社社史进行一番科学社会史考察。

第一章以1927—1937年期间作为时空域,指出中华自然科学社以公共领域建制为方向的体制化历程,以及作为科技工作者职业伦理形成之前提的责任伦理在这一体制化中的兴起过程,指出社团的成立是科技工作者职业理念中国化的产物,表现为民国时期,以发挥科学知识的工具性专长来造就物质文明的现代性理念形成,在当时的中国社会孕育出科技工作者职业理念,这是中华自然科学社缘起的结社理念,使得基于科技工作者职业的业缘性社会关系开始在社务活动中形成,表现为民国科技工作者关于自身社会角色意识主导下,社员以作为业缘性社会关系运行方式的专业性的程序化合作模式开展社务活动,根据科学救国的时代需要,从1932年开始探索以科学大众化为方向的社务活动途径,通过出版通俗性科学刊物《科学世界》来普及科技知识于国内民众,形成作为专业性的程序化合作模式的科学普及规范。由于科学普及规范遵循的是发挥科技工作者职业的令社会理性化功能路径,所以发挥科学知识的工具性专长成为一种具有理性化意蕴的社会公共事务,从而生成中华自然科学社的公共领域建制属性,以运行理性化的社会公共事务为社务活动实质,所以社团的体制化建设旨在维系科技工作者职业的联系理论与实践的结构,规制社员探索科技知识的有效运用途径,走向从科研工作出发开展科学普及的社务实践。由于科研是社员的本职工作,这体现出科技工作者职业的令社会理性化的责任伦理在社员理念中的兴起。

第二章论述1938—1941年期间责任伦理的应用科学学科规训化实践情形。这一情形所体现的社史史实是,抗战全面爆发后位于大后方的中华自然科学社社员意识到,从抗战建国时代要求的抗战意向出发,大后方科技工作者根据自身职业理念要求形成社会责任认识,认为应该从事应用科学方向的科研工作以实现科技知识的战时应用,因此社员的社务活动也应转到这一方向上来。为此,总社以应用科学为评价标准来展开科学普及,先是遵循面向发展生产力开展科研工作的应用科学学科规训,展开应用科学方向的科技布局,为社员有效运用科技知识提供必要的科技布局;在之前形成的从科研工作出发开展科学普及的责任伦理意识的作用下,从1939年起将应用科学学科规训转化为科学普及原则,在到1941年为止的《科学世界》编辑过程中,形成以应用科学学科知识的生产作为科普主题的局面,表现出责任伦理在实践过程中走向学科规训化途径。

第三章论述1942—1945年期间责任伦理的基础科学学科规训化实践情形。当时总社通过向社员集稿,发行面向英美科学界的综合性英文科学刊物《中国科学通讯》,社员主要集中在基础科学方面开展科研工作,构建出基础科学科技布局。当抗战建国时代要求由抗战意向转向建国意向之时,中华自然科学社社员也随之共同认识到要通过科学普及提振大后方基础科学教育,以发展面向建国意向的基础科学研究。在责任伦理的学科规训化实践影响之下,社员从基础科学方向的科研工作出发开展科学普及,形成了基础科学学科规训对于科学普及方向的规划,走向责任伦理的基础科学学科规训化实践途径。

第四章以责任伦理学科规训制度化的职业伦理意蕴为题,指出在1946—1949年期间,社员意识到科学建国时代要求需要建立面向生产力的科技创新局面,以使得中国科研工作预及到世界科技创新趋势,于是开展从基础科学到应用科学的科技创新研究情形。在社务实践中,社员一方面通过用于对外科技交流的综合性英文科学刊物《中国科学与建设》,促进中国科技工作者的科技创新科研工作经由专业交流得到确证;另一方面通过《科学世界》向国内社会普及国内外科技创新情形。对于科技创新研究而言,这两种社务活动发挥的是获取科技新知并予以传播的功能,在学理上来说建立起一种面向科技创新的科技新知流动局面,以从科研工作出发开展科学普及的责任伦理作为维系机制,为作为责任伦理实践路径的学科规训提供制度化安排。正是学科规训制度的建立使得责任伦理演变为科技工作者职业伦理,建立起支撑科研工作的科学技术学科规训面向生产力转化的常态化局面,根据科技创新规律,要求国内科技工作者对于学科规训作用于发展生产力的利他性予以阐释,使得社会信任科技创新符合社会大众利益。经由《科学世界》,科技工作者职业的理性目的与保障理性目的实现的社会目的得到阐释,使得社会大众认识到科技创新符合现代社会理性化价值取向。这些实践及其学理规律表征科技工作者职业伦理的理念表达。

目录 Contents

第一章　公共领域方向的体制化与
责任伦理的兴起(1927—1937)

第二章　责任伦理的应用科学学科
规训化实践（1938—1941）

第三章　责任伦理的基础科学学科
规训化实践（1942—1945）

第四章　责任伦理学科规训制度化
的职业伦理意蕴（1946—1949）

绪　论

　　科技工作者职业伦理建基于科技工作者科研工作社会化,从科技工作者职业伦理在近代以来的西方社会首先生成的历史道路来看,这就要求科技工作者科研工作与社会理性化同向同行,这种同向同行在理性主义主导下的社会现代化过程中展开。科技工作者科研工作的主要内容是生产科技类有用知识,指向科学原理及其向技术意象转化而成的人工物及其操作指令,它们是理性逻辑获取抽象原则在社会生产力领域的专门化运用,以提升社会工具性自由度作为社会化运用原则,体现科研工作对于职业的利他主义道德规范的具体遵循,科学家生产科技类有用知识就是围绕原则要求而展开,从科学原理与技术意象中抽绎出理性化的社会工具性自由出发,安排与布局作为科技类有用知识生产活动的科研工作。社会理性化要求社会运行建基于理性逻辑,以求得对客观规律的工具性遵循与利用,提升社会工具性自由度,所以科技工作者科研工作的这些主要内容是社会理性化的必然要求与趋势。西方经由宗教革命促进了科学启蒙,自 17 世纪英国的科学革命开始,就走上科技发展促进社会进步的社会理性化道路,从西方进入近代始,科技工作者科研工作就是社会对提升工具性自由度的自觉意识生成的前提,社会伦理在宗教革命影响下自动接纳科技工作者科研工作的利他主义性质,推进科技工作者对于科技工作者职业的道德规范的自我意识自然生成。正如上文所述,西方近代以来的科技工作者从社会伦理主流要求出发,自觉主动为科技工作者科研工作设定道德规范,表现为从"发现上帝的造物规律"使命到促进世俗社会提升工具性自由度使命,使得科技工作者职业伦理在与西方社会伦理相互符应的条件下有以形成。

科技工作者职业伦理在近代以来的中国社会生成发展的历史情形则不然,与科技工作者职业伦理在近代以来西方社会的自然生成情形不同,中国传统人生观是人文文化本位的,导致科学启蒙不能由社会内部生发出来,社会对于工具性自由度的道德伦理认识难以形成一致的观念,比如晚清民国的中体西用说、科玄论战、本位文化与全盘西化论战等。因此,科技工作者科研工作的利他主义性质不能由社会伦理自动接纳而生成职业伦理。考诸中国近现代科学社会史,生成过程来自科技工作者对于科学与社会关系的自行认知,并没有像近代以来经历社会道德伦理意识启蒙转化的西方社会一般,经由深入人心的社会伦理意识作为强有力的社会思潮发挥启蒙效应,开启科技工作者职业伦理形成历程。这就需要开展以科技工作者职业伦理为主线的科学社会史研究。

一、科技工作者职业伦理中国化研究意象

科技工作者职业伦理是科技工作者职业社会化的观念产物,表达社会对基础科学与应用科研工作的道德期许。道德期许是对于科技工作者结成业缘化社会关系的价值取向判断,是科技工作者职业在社会体制化过程中获得社会伦理认可的价值观表现。科技工作者职业伦理的道德期许在于社会理性化,这是科学知识的工具性专长带来的工具理性价值对社会的伦理塑造,形塑科技理性造就的基于现代社会职业分野的社会体制化合理性,作为现代社会的道德规范标准。社会理性化赋予科学家的基础与应用科研工作以道德合理性,为工作形成职业及相应的社会体制化进程准备支持性伦理规范,使得科技工作者职业伦理有以形成,作为科技工作者职业承接社会理性化所生成的道德合理性产物。这从科技工作者职业的历时性上可得到证据。

科技工作者被视为一种职业的理念之所以指向令社会理性化的社会功能,原因在于18世纪以来的西方社会中,科研活动的世俗化进程开启了科技工作者的职业化,令科技知识与道德观念之间发生联系,使得科技工作者形

成关于科技工作者职业的道德观念。由于这种道德观念来自对于科技知识与现代社会的理性化价值取向之间的关系,所以科技工作者的关于科技工作者职业的道德观念围绕社会的现代性事实而展开,由理性主义的意识形态所规定,这构成了科技工作者职业理念的内涵。

首先,18 世纪以来科研活动的世俗化进程源于科学方法所遵循的集体主义原则,使得接受过科研训练的科技工作者具有普遍一致的方法论背景,为国家与商业组织经由体制化系统地动员科技工作者从事世俗性事务,例如为战争与殖民扩张活动和工业革命活动而设立的科学研究与技术应用工作,创造了必需的前提。这不仅脱却了 17 世纪所展现的科学知识的旨在颂扬上帝造物智慧的神圣性,而且将工具性专长(instrumental expertise)附加到科学知识本身,形成科技知识,也就是培根揭示的"知识就是力量",旨在展示人类对于客观世界的预测与控制的理性能力的世俗性。18 世纪以来,科学知识由神圣性到世俗性的演化令科技知识具备了道德权威,表现为科技知识自身的价值体现在实现韦伯意义上的社会理性化方面。由于社会理性化是工具理性这一近代西方道德观念的外在表现,意谓科技知识的世俗性反向塑造了科研活动的道德动机:理解一个祛魅化的世界,这使得当时的西方科技工作者日益意识到,从事科研活动越来越不再是响应宗教方面神意的召唤,而是标志着一种职业,因为科研活动展现的是社会理性化的价值取向,致力于以工具性专长为表征的理论与实践之间的有机结合。这不仅体现职业在现代社会兴起所倚赖的理性化的道德观念,而且符合职业化的结构性内涵:理性知识与实践之间的结构性制度联系,表现从属于理性化的社会价值的社会功用,获取外部社会的认同。所以说,科技工作者的工作环境发生变迁,从体现神圣道德的修道院转换到体现世俗道德的市民空间,使得科研工作者这一活动职业化,具有理性化的道德属性,成为科技工作者职业的合法性渊源①。

---

① Steven Shapin. The Scientific Life:A Moral History of A Late Modern Vocation[M]. Chicago and London:The Univiersity of Chicago Press,2008:9 – 10、34、39 – 40、41、46.

其次,科技工作者职业内在的理性化道德属性最为本质地表现为科技工作者的自我认知,体现为他们意识到科技工作者这一职业的道德属性渊源有自,来源于科技知识与现代社会的理性化价值取向之间的正向关系,展现在社会的现代性事实之使得社会生活理性化方面,而这是由理性主义的意识形态予以本质性规定。原因在于,理性主义的意识形态认为,人类能够运用理性认识客观世界的本质与规律并按照理性的规则行事。由于其中科学及作为科学应用的技术是理性的表征,因此理性主义的意识形态转换为对于科学理论转化为社会实践的真实性的信仰①。所以说,理性主义的意识形态规定了科技工作者职业所维系的理念与社会功能之间的联系,可被视为科技工作者作为一种职业的理念内涵。

科技工作者职业伦理是社会现代化过程中遵循理性主义规则生成的观念,这一观念以科技工作者发挥科学知识的工具性专长这一工作来承载,用以规定科学研究与技术应用工作的道德合理性,使得科技工作者科研工作在现代社会具备作为社会中合理职业的伦理正当性。这需要运用职业主义来说明其中的原因。职业主义是职业社会学理论,旨在说明以高度专业化知识的利他性社会应用为表征的职业,例如律师、医生与教师等工作的组织逻辑,基本意涵是,职业是一种社会工作,实现"通过科学研究与逻辑分析而获致的抽象原则"②表征的专业化知识的运用,起着维系人类社会运行的必要作用,具有利他的工作动机,并形成规范职业这种工作的利他性价值取向的职业伦理。具体来说,职业这种社会工作的运行需要一系列相互依赖的社会活动来维系,包括专业化知识的制造活动,以及维持专业化知识的有效运用的知识垄断型控制活动,这使得职业运行形成了组织化运行环境以涵括这一系列社会活动,构成特定的社会结构性制度,包括职业教育培训体

---

① Steven Shapin. The Scientific Life:A Moral History of A Late Modern Vocation[M]. Chicago and London:The Univiersity of Chicago Press,2008:30 – 31、46. 王国有. 西方理性主义及其现代命运[J]. 江海学刊,2006(4):58 – 59.

Thomas Broman. Habermasian Public Sphere and"Science in the Enlightenment"[J]. *History of Science*,1998(2):143.

② 刘思达. 职业自主性与国家干预——西方职业社会学研究述评[J]. 社会学研究,2006(1):198.

系、职业团体、规章制度与道德准则等。这种职业的社会结构性制度承载职业工作运行具有内在的逻辑性,就是专业化知识的社会控制,表现为专业化知识的制度化过程,包括高等教育的学科化体系、职业教育制度与职业团体认证规则、专业化知识在职业性工作过程中发挥福柯意义上的弥漫性权力影响过程。这些过程使得职业获得"对于决定从事其职业工作的正确内容和有效方法的排他性权力"[①],呈现出职业自主性地体制化与合法性地自主控制的事实,并形成由职业的社会结构性制度所体现的表达社会责任意识的制度伦理,也就是职业伦理。职业伦理维系职业的社会结构的组织逻辑被称之为职业主义,旨在揭示职业的社会结构与职业工作之间的联系。在近代以来的中国社会,科技工作者科研工作的利他主义性质实现社会伦理接纳过程需要具体分析,进行这一分析的重要性和必要性在于,科技工作者科研工作在近代以来的中国实现社会化,成为中国社会中得到社会观念认同的职业,其中也必须遵循科技工作者科研工作演变为社会职业的规律,需要生成为社会伦理所接纳的职业伦理。这也就是说,科技工作者职业伦理的生成是科技工作者科研工作形成职业所依赖的社会认同机制,只有经过社会伦理对科技工作者科研工作的利他主义性质的接纳过程,科技工作者科研工作才能在历时化进程中演化为科技工作者职业。

科技工作者职业伦理的形成是科技工作者科研工作职业化必要社会伦理条件,科技工作者科研工作职业化意味着科技工作者作为社会中一种职业的存在合理性。科技工作者职业的社会形成与社会存在是科技工作者科研工作社会化的产物,只有在社会经历理性化为主线的现代化历史进程中,理性主义意识形态加诸社会道德伦理以理性进步意向之时,科技工作者科研工作的社会化才会具备形成的必要条件。具体来说,科研工作为理性进步提供操控性律则的技术性作用,使得社会理性化基于科技工作者科研工作形成可操作性路径,并为此配置社会资源于科技工作者科研工作,形成科技工作者科研工作在社会体制上的建制化局面。那么,科技工作者科研工

---

① 刘思达.职业自主性与国家干预——西方职业社会学研究述评[J].社会学研究,2006(1):203.

作职业化进程就有必要在社会伦理上凝练道德意象,用来为科技工作者科研工作的职业化提供社会伦理上的正当性,以说服整个社会从理性主义意识形态出发,支持社会资源对于科技工作者科研工作的倾斜式配置。科技工作者职业伦理经由科技工作者群体自我意识而生成,其中的社会驱动机制就在于上述社会伦理上的道德意象的本质要求。

纵观中国近现代科学社会史,社会伦理之所以能够接纳科技工作者科研工作的利他主义性质,其中的关键在于科技工作者科研工作在体制上的职业化,这一职业化进程以科技工作者科研工作的功利主义作为价值引领。在科技工作者科研工作被引进中国社会的民初之时,称之为科学救国,在科技工作者科研工作在体制上的职业化日益深入的抗日战争时期,称之为科学建国,使得科技工作者科研工作在体制上的建制化进程被赋予了社会伦理合理性,进而动员与汇集社会资源,完成了科技工作者科研工作在体制上的建制化,形成了科技工作者科研工作的职业化历程。民国科技工作者对科研工作的道德伦理思考始于中国科学社的创建,当是时,留美自然科学和工程技术学科留学生从科学的社会功能视域出发,开创了科学救国的社会思潮,并起而行之,于1915年创办了中国科学社这一综合性科学社团,以身体力行的精神践行科技工作者科研工作,努力于科技工作者科研工作职业化所需要的体制上的建制化工作,形成了科技工作者致力于制造科研工作职业化的社会活动局面。这种社会活动以科学的社会功能宣传为主,为科技工作者科研工作的道德伦理合价值性辩护,在配合制造科技工作者科研工作的职业化进程的同时,也使得科技工作者科研工作作为社会职业具备了社会伦理上的论证基础,形成了科技工作者对于科技工作者科研工作的利他主义性质的伦理认同。继而在20世纪20年代后期,国内自然科学和工程技术学科学生聚合创办中华自然科学社,作为与中国科学社社务性质相同的综合性科学社团,他们在中国科学社转向致力于团结科技工作者开展专门性科学技术研究的时期,坚持采行为科技工作者科研工作的道德上的合价值性辩护的行动,直至中华人民共和国成立,使得中国科技工作者科研工作的职业化进程具备了社会伦理合理性因素,形成凝聚与发展国内科技工作者关于科技工作者科研工作的利他主义性质的共识的局面,这就是民国科技工作者职业伦理的形成过程。

　　民国时期科技工作者职业伦理在科技工作者科研工作中有以生成,具有深刻的科学社会史①意义,反映中国社会现代化进程中社会理性化趋势对于科学社会化的规制。在这一意义上可以说,科技工作者科研工作职业化及附带的科技工作者职业伦理的形成具有学术重要性,这一历史进程是中国近现代科学社会史的本质内涵,对这一主题开展专门性研究在学理上具有合理性,在价值上具有重要性。

二、中华自然科学社社史研究意蕴

　　中华自然科学社是民国时期著名的综合性科学社团②。何谓综合性科学社团? 按照现代西方科技学会的分类准则来看,随着现代科技学科分类演进及在此基础上科学的社会功能的整合发展,科技学会在历史进程中分化为专门性与综合性两种社会建制,分别由单一学科科技工作者与多门学科科技工作者组成。因此,对于由多门学科科技工作者组成的民国科学社团,著名者如中国科学社与中华自然科学社等,国内科学社会史学界命名为综合性科学社团,旨在与由单一学科科技工作者组成的专门性科技学会相区分③。作为具有代表性的民国综合性科学社团,对于中华自然科学社进行科学社会史考察是一件具有学理意义的研究工作,源于这一社团在民国科

---

① 科学社会史是国内科学社会学领域约定俗成的学术名词,用来指称以包括各门科学技术学科知识社会化的历史进程作为研究对象的研究方向,所以虽然本书考察的是各门科学技术学科从业者,但是本书不用科技社会史一词(目前国内学界也没有学者使用这一词汇),而是使用科学社会史。

② 综合性科学社团是国内科学社会学领域约定俗成的学术名词,用来指称融汇各门科学技术学科科技工作者的社团组织,所以本书在这里遵循学界习惯用语称谓,用综合性科学社团来指称各门科学技术学科科技工作者的社团组织,而不用综合性科技社团来指称这一点。

③ 从20世纪80年代以来,通过考察相关民国综合性科学社团的研究文献,本书作者发现只有上海社科院历史研究所研究员张剑对于中国科学社为代表的综合性科学社团的综合性涵义给出了学理解释,也就是本书这里所指出的现代科学技术学科分类布局之出现与整合。换言之,本书这里对于综合性科学社团的综合性之学理解释源于张剑的论述。参见:张剑.中国近代科学与科学体制化[M].成都:四川人民出版社,2008:306-324.

技史上具有重要地位,在推动科学技术的发展与应用方面发挥了特殊的作用,体现在下述两个方面。

其一,在民国科学技术学界,中华自然科学社是四个"历史较长、影响较大"的综合性科学社团之一,具有较高的社会地位与广泛的代表性①。

首先,社团在 1927 年就已成立,直至 1951 年始结束社务,其间在国内外曾设有 28 个分社,先后于较长时间内担任社长者均为当时国内著名科学技术专家,他们是化工专家杜长明、地理学家胡焕庸、公共卫生学家朱章赓与物理学家吴有训。

其次,在社长之外的社团领导层群体构成层面,根据社员杨浪明(中华人民共和国成立后为兰州医学院教授)在 20 世纪 80 年代发表的主要负责社员名录,名为《中华自然科学社主要负责人名录》,可知社团在民国时期社内组织与各项社务活动主要负责社员共 194 人,在科学技术学科门类方面分属于 11 个具体学科。通过对于这一名录的分类统计可知,每个学科门类中的社员群体从属于不同的科研机构:在基础科学学科门类中,包括数学、天文学、物理学、化学、地理学与地质学、气象学、生物学、心理学等,综合性国立科研机构、专门科研机构与具有研究所的大学院系为主要依托机构;在应用科学学科门类中,包括农学、工学与医药卫生等,综合性国立科研机构、专门科研机构、地方科研机构、具有研究所的大学院系为主要依托机构(参见本书结束语后的附表 1 与附表 2)。考虑到民国科研工作与科研机构之间的内在关联,表现为:一方面,基础科学研究主要依托的科研机构包括综合性国立科研机构、具有研究所的大学院系,以及专门科研机构;另一方面,应用科学方向的科研工作主要依托具有研究所的大学院系、专门科研机构与地方科研机构②。所以综合而论,中华自然科学社的领导层群体所在的科研机构分布情形表明,民国科学技术学界中以科研见长的职业科技工作者是其中

---

① 其余三个是:中国科学社、中华学艺社、中国工程师学会。这一说法来源于《中国科学技术团体》一书对于民国时期的科学技术团体的说明。参见:民国时期的科学技术团体[C].何志平,尹恭成,张小梅主编.中国科学技术团体.上海:上海科学普及出版社,1990:78-79.
② 张剑.略论中国近代科研机构体制及其特征[J].史林,2008(6):20-32.

的主要成员①。由于在科学社团建制中,领导层群体具有引导成员设立目标与带领成员实现目标的重要作用,决定社团的发展方向与目标实现程度②,因此研有专长的职业科技工作者在中华自然科学社担任领导职务这一事实说明:社团在民国科学界社会地位较高,对于当时国内科学精英具有明显的吸引力。

最后,中华自然科学社在社章中明确规定,作为社务活动主体的普通社员须以从事科学技术研究作为本职工作。换言之,以科研工作作为职业的中国科技工作者是社员主体。根据本书作者对于社史资料中有关社员专业记载的统计,中华自然科学社的普通社员的科学技术专业分布包括 11 个科学学科门类,包括:数学、天文学、物理学、化学、地理学与地质学、气象学、生物学、心理学、农学、工学与医药卫生。《民国时期总书目》③则显示:民国科学技术学科大类包括自然科学、医药卫生、工业技术与农业科学。这表明,中华自然科学社社员的科学技术学科门类分布与民国科学技术学科大类具有同等范畴,说明社员开展的科学技术研究涵盖民国科学技术学科各个领域,也就是说,在科技工作者职业视域下来看,中华自然科学社社员在民国科学技术学界中具有广泛代表性。

那么,中华自然科学社在民国科学技术学界中具有较高的社会地位与广泛的代表性,从这一点看,这一社团的社史情形本身是有必要予以考察的科学社会史现象。

其二,中华自然科学社一以贯之的社务宗旨在于:联络国内科技工作者从事科学技术之研究及应用,借以增进与提高中国社会理性化程度。展现为两个方面,首先致力于经由科学技术知识交流的社务活动促进科学技术研究,最为著名的就是抗战期间出版用于中外科学技术交流的科学期刊《中

---

① 在中华自然科学社领导层群体中,4 名社员是中央研究院首届院士,6 名社员是首届院士正式候选人,这 10 名社员中还有两人是中央研究院评议员,表明社团领导层群体由科学研究见长的职业科学工作者构成。

② 张剑. 传统与现代之间——中国科学社领导群体分析[J]. 史林,2002(1):83.

③ 该书的学科分类目次与民国学科分布情形相宜,本书因此以之作为依据. 参见:北京图书馆. 民国时期总书目(1911—1949)·自然科学·医药卫生·序 I[M]北京:书目文献出版社,1995.

国科学通讯》,以及抗战后接续这一刊物继续出版的《中国科学与建设》,以期通过发展中国科学技术为中国社会的理性化提供丰富的理性知识;其次则展开科学技术普及活动推动科学应用,最为著名的就是从 1932 年起直至 1951 年持续出版科普刊物《科学世界》,造就 20 世纪上半叶中国发行时间最长的科普刊物,希冀运用科学技术研究提供的理性知识推动中国社会实现科学化建设,也就是社会理性化①。与民国科学界中最大的综合性科学社团之中国科学社相比,由于中国科学社的立社宗旨在于联络国内科学技术界发展中国科学技术研究事业,在民国时期持续致力的社务活动主要在于科学技术交流与科学技术研究,直至 20 世纪 30 年代中期,方始有计划地开展科学技术普及活动②。所以这就表明:作为综合性科学社团,中华自然科学社发挥着有别于中国科学社的独特功能,是值得关注与思考的科学社会史现象。

三、研究思路

民国综合性科学社团是科学社会史领域的历史现象,所以对于中华自然科学社展开历史考察,本应从作为科学社会史研究必然进路的科学体制化③路径展开,考察中华自然科学社的体制化历程。然而,中华自然科学社由于本身的功能分化,并不具有与科学体制化研究进路之间的协适性。国际科学史学界在 21 世纪初发展出的科学与公共领域研究框架则是可行进路。

(一)对科学体制化进路的审思

科学体制化是科学社会史的必然进路,科学社会史研究的意义就在于

---

① 沈其益,杨浪明.中华自然科学社简史[J].中国科技史料,1982(2):58-73.
② 张剑.科学社团在近代中国的命运——以中国科学社为中心[M].济南:山东教育出版社,2005.
③ 科学体制化也是国内科学社会学领域约定俗成的学术名词,用来指称以包括各门科学技术学科知识社会化的历史进程的客观规定性表象,所以虽然本书以各门科学技术学科知识社会化作为研究内容,但是本书不用科技体制化一词(目前国内学界也没有学者使用这一词汇),而是使用科学体制化。

走向科学体制化研究,这可从二者所源出的科学社会学学科发生史予以说明。作为开创科学社会学这门学科的默顿命题的缘起进路,科学社会史的研究旨在从社会过程视角考察科技知识的社会基础问题,引起科学技术观的转变,从将科学技术视为一种社会知识转变到视为一种社会体制,也就是从知识社会学进展到结构功能主义社会学层面上的科学技术的规范结构,实现对于科学技术知识的社会体制化的历时性考察①。从学理上来讲,这表明科学体制化是科学社会史研究的必然进路,"科学社会史研究是科学体制化研究的前提和基础,只有科学社会史的研究有了充分的发展,才能为科学体制化研究提供丰富而可靠的原材料"②。可见对于民国科学社会史研究而言,科学体制化是题中之义与必然进路,凸显科学社会史的研究意义所在。具体来说,科学社会史以科学技术与社会二者之间的相互影响为观察领域,从"大科学"时代作为一种社会活动的科学技术知识的社会性出发,历时性揭示科研工作外在与内在的双重社会化的历史变迁,包括科学技术的外部社会建制所由来的外在社会功能的历史渊源,与科学技术的内部社会建制之组织形态的发展变迁,探究"大科学"时代科研工作的社会形式之形成与运行的历史逻辑,是对于近代科学革命带给科技知识生成方式的制度性变革意义的历史考察,并业已指出,经由近代科学革命,传统"哲学思辨式"的科技知识生产方式被"实验型"科技知识生产方式所代替,而"实验型"科技知识生产方式本质上是一种社会制度性结构③。科学体制化则旨在揭示科学技术的外部社会建制所表现的科学技术的社会功能,以及科学技术的内部社会建制的组织形态,包括科研活动的制度、组织系统与社会化支撑设施,指向围绕科学技术知识的生产、传播与应用形成的特定社会活动形态,以及这种社会活动本身所遵循的价值观念与社会规范④。如是而论,科学体

① 张培富,孙磊.默顿的科学社会学研究路径的形成——兼论中国近现代科学社会史研究路径[J].山西大学学报(哲学社会科学版),2013(1):27-33.
② 张培富.海归学子演绎化学之路:中国近代化学体制化史考[M].北京:科学出版社,2009:3.
③ 刘珺珺.科学社会史:科学史研究的渐强音[J].自然辩证法通讯,1985(2):49-50.
④ 李正风,尹雪慧.科学体制化的文化诉求与文化冲突——论科学的功利性与自主性[J].科学与社会,2011(1):124-126.

制化的社会制度旨趣为科学社会史提供逻辑自洽的学理依据，引领科学社会史研究走向科学体制化研究。

返回到科技学会这一科学的社会建制来看，西方综合性科学学会是现代科技知识生产活动自身逻辑演进的产物，在社会制度层面发挥满足科技知识交流与学术评议需求的社会功能，体现"实验型"科技知识生产方式牵引的"大科学"活动的社会性意义，旨在成为科技知识的集体生产的制度性结构中评价、承认与激励环节。相比之下，作为西方综合性科学学会的中国本土化形态，虽然与其他民国综合性科学社团相同，中华自然科学社并非"实验型"科技知识生产方式牵引的社会组织形态，而是社会演化与科技知识发展共同作用的产物，但是其主要目标在于因应"实验型"科技知识生产方式的中国本土化，围绕科技发展的自主性旨趣，通过各种关涉科技知识评价、承认与激励的组织机制设计，寻求科研工作在中国社会的独立发展①，发展出相应于"实验型"科技知识生产方式的中国本土化的制度性结构环节，以契合科学体制化进路的规定性要求。

然而另一方面，作为民国综合性科学社团，中华自然科学社同时还发挥社会理性化这一科学的社会功能，致力于通过科技知识的宣传与普及，将科学的理性主义贯穿到中国社会运行的方方面面②。这实质上反映出科技知识作为公共知识的属性，具体来说，这一属性的内涵就是：通过承担科研与教育有效结合功能的大学教育体制，科技工作者进行知识生产获得了职业基础回报；同时通过公开科研成果与传授科技知识，科技工作者的科研活动实现了对应于社会体系的资源交换，建立起科技知识生产与社会体系之间的交换关系③。考虑到民国综合性科学社团并不承担科技知识生产功能，没有建立一种科技知识生产与社会体系之间交换关系的局面，可知民国综合

---

① 张剑.中国近代科学与科学体制化[M].成都：四川人民出版社,2008：325.
② 彭国兴.20世纪前半期中国关于科学社会功能的认识研究[D].西北大学历史学专业博士学位论文,2004：65－69.
　张剑.中国近代科学与科学体制化[M].成都：四川人民出版社,2008：334－335,344－351.
③ 李正风.科学知识生产方式及其演变[D].清华大学科学技术哲学专业博士学位论文,2005：179－183.

性科学社团开展社会理性化活动这样一种科学社会史现象,难以用分析科技知识的社会功能的科学体制化进路予以解析。

那么,上述两方面的科学社会史现象究竟应如何整合,以找出这一科学社会史现象背后的历史逻辑脉络,从而使得这一科研工作的社会建制所蕴含的科学社会史意义得到全面的展现?本书认为,从科研工作成为一种社会体制这一面向来看,可以结合社会体制的内涵来进行理解与把握。社会体制是一种由共同目标所支配的有组织的人类活动,旨在形成一定的社会结构,实现特定的社会功能①。由此及于作为社会体制的科研工作可知,科研工作这种社会体制以科技知识的社会建制作为具体的社会结构形态,是为科研工作这种社会体制的目标所决定的社会功能服务的。经由科学社会史的揭示,科研工作这种社会体制的目标通常体现为一种关于科技知识的价值系统,总括而言就是一种科学理念②,规定着科研工作这种社会体制的社会功能。从这一视域出发返视中华自然科学社,可知科技知识交流与学术评议以及社会理性化都可被视为这一科学建制的社会功能,意谓这两种科技知识的社会功能之所以能够整合到一个科学的社会建制中,在根本上来说,源于这种科技知识的社会建制奉行共同的科学理念的规定性意蕴。那么,从科研工作理念与科技知识的社会建制性质之间规定性的科学社会史研究脉络出发,历时性考察中华自然科学社的演进历程背后的科学理念发展,以及相应的科技理念赋予中华自然科学社体制化进程的规定性,能够走向对于中华自然科学社社史这一科学社会史现象的历史逻辑脉络考察。进而考察这一研究脉络的国内外研究现状可知,21 世纪以来西方科学史学

---

① 刘珺珺.科学社会学[M].上海:上海科技教育出版社,2009:113.
② 日本科学史学家古川安曾指出,科学理念在不同的社会形态与时代中演变,表现为"信仰的科学""教养与人格塑造的科学""为学术而存在的科学""为技术服务的科学""作为文化运动的科学""服务于社会变革的科学""健全体制的科学""为产业服务的科学""为国家服务的科学"等,体现的是社会思潮中关于科学的社会价值的观念。本书因此认为,可以用科学理念指代关于科技知识的价值系统。参见:(日)古川安著,杨舰,梁波译.科学的社会史:从文艺复兴到20世纪[M].北京:科学出版社,2011:7.

界兴起的关于科学与公共领域①研究已形成一种框架,为科研工作理念与科学的社会建制性质之间的规定性研究提供了必要的逻辑架构,可作为中华自然科学社的历史考察的可行进路。

(二)对科学与公共领域进路的援引

科学理念与科学的社会建制之间的规定性有具体的表现形式,从属于科学社会史研究议程,是从科学体制化对于科学理念的反映得到体现的。古川安就已明确指出,科学体制化的历史展开实现了作为一种社会建制的科学,并使得作为一种社会建制的科学拥有制度属性,也就是规定性,体现为规定科学体制化进程中科技工作者群体的态度和行动,经由这些态度和行动形成科技知识的社会属性并规定科研工作进程。究其渊源,作为一种社会建制的科技知识的制度属性之规定性来源于科学理念,因为制度本身是理念的社会承载实体,从根本上来说遵循理念发挥特定的社会功能,因此科学理念经由社会体制载体发挥有关科技知识的社会体制的社会功能,具体化为有关科技知识的社会建制的制度属性的决定性功用,也就是呈现出对于科学的社会建制而言的规定性②。换言之,科学这种社会建制秉承的科学理念与发挥的社会功能是以制度为中介的,即科学理念规定科技知识建制中科技工作者的态度和行动这一制度属性,经由这种态度和行动规定科技知识建制发挥的社会功能。围绕这一制度属性,当代西方科学史学界发展出科学与公共领域的研究方向,架构出一种逻辑脉络,把握科学理念经由科学建制的制度属性规定科技知识的社会建制的社会功能。

何谓科学与公共领域?这需要从公共领域(public sphere)的概念切入。公共领域是现代社会学术语,由20世纪中叶德国社会学家哈贝马斯提出,旨在从发生学视域历时性考察近代西方国家世俗权威的生成进程,指称的是

---

① 这里的科学与公共领域研究包容基础科学与应用科学两种知识,指向生产科技知识的科研工作与公共领域,由于目前国外学界以科学与公共领域作为通用的用法,所以本书从尊重学术界约定俗成的学术用语出发,依然用科学与公共领域这一短语词汇。

② (日)古川安著,杨舰,梁波译.科学的社会史:从文艺复兴到20世纪[M].北京:科学出版社,2011:7.

17 世纪以来西方社会现代化进程中出现的社会空间,其中私人个体集聚成理性的公众,形成以社会的公共性为国家权威来源的社会进程,也就是公共领域是由公众理性表征的社会公共性具有国家权力这种权威的场所。

科学与公共领域(science and public sphere)是当代西方科学史学界提出的表述,初现于 *Osiris* 2002 年第 17 卷专刊之介绍该刊主题科学与市民社会的论文中①,指向的是科学知识的公共性,考察科学知识为何会生成无私利地追求真理的品性,并发展出公共领域所表达的具有理性的公众要实现的公共利益——理性的权威性,从而使得科学与公共领域相结合的历史进程得以生成。

结合 *Osiris* 2002 年第 17 卷专刊论文对于科学与市民社会主题的经验考察,本书认为,科学与公共领域反映的是科学的精神特质所表征的理性及其社会影响。

科学的精神特质包括普遍主义、公有性、无私利性与有组织的怀疑等四个方面的伦理规范,维护科学的制度性目标之"扩展被证实了的知识"②。之所以如此,从根本上来说是由科学知识的本质属性决定的。科学知识是"经验上被证实的和逻辑上一致的对规律(实际是预言)的陈述"③,要求关于客观的结果与相互关系的证实性表述,不仅摒除具有个人主观属性的特殊的有效性标准,强调科学知识的非个人的普遍适用性,以及对于有才能的人不考虑个人身份特殊性的普遍开放性,而且通过最小化科学家对于科学知识的产权要求,强调科学知识的公有性即公开性,还规定同行评议程序,并提倡怀疑的理性批判价值观,旨在排除科学知识的个人主观属性,符合客观规律④。根据默顿的阐释,科学的精神特质的外在表现是一种制度化规范,要

① 参见 Thomas H. Broman. Introduction:Some Preliminary Considerations on Science and Civil Society [J]. *Osiris* ,2002,Vol.17(2nd Series):1 – 21. 以及文中第一节与第二节的论述所显示的逻辑关联。

② [美]R. K. 默顿. 科学社会学——理论与经验研究(上册)[M]. 鲁旭东,林聚任译. 北京:商务印书馆,2004:365.

③ [美]R. K. 默顿. 科学社会学——理论与经验研究(上册)[M]. 鲁旭东,林聚任译. 北京:商务印书馆,2004:365.

④ [美]R. K. 默顿. 科学社会学——理论与经验研究(上册)[M]. 鲁旭东,林聚任译. 北京:商务印书馆,2004:361 – 376.

求科学家在扩展科学知识之时,遵循客观的有效性证实标准,并因此拒绝指向特定的特殊性利益的功利性社会规范的侵蚀①,表明科学已经发展成为具有自主性要求的社会制度。默顿并指出,这种自主性来源于理性,因为韦伯指出,"对科学真理的价值的信仰不是来自自然界,而是来自一定的文化产物"②,意谓一种理性化的社会文化与客观性的科学价值相符。从本书这里的主旨来论,这表明作为科技知识的自主性来源的理性正是作为现代社会公共利益基础的理性③。

科学与公共领域研究理念的目的与意义具有何种指向?在 *Osiris* 2002年第17卷专刊中,西莉亚·阿普尔盖特(Celia Applegate)撰写了总结性评述论文,指出这一研究理念指向的是科学理念与科学建制之间内在关联的逻辑架构。根据这篇评述论文,经由科学知识对于近代以来社会文化本质特征的理性的表征,科学成为一种公共领域中的论述形式,这形成一种关于科学的公共性的观念,"将科学知识视为使得作为一个整体的社会有活力与进展的知识的本质部分"④,进而"确保科学在19世纪与20世纪展现为一种体制形态,以及获致国家与私人的某种程度的赞助"⑤。换言之,这表明科技知识在科学与公共领域的历史交集中是通过社会体制发挥中介作用的,包括

---

① [美]R. K. 默顿. 科学社会学——理论与经验研究(上册)[M]. 鲁旭东,林聚任译. 北京:商务印书馆,2004:349-356.

② [美]R. K. 默顿. 科学社会学——理论与经验研究(上册)[M]. 鲁旭东,林聚任译. 北京:商务印书馆,2004:344.

③ 这里所指的默顿的经验考察来源于《十七世纪英格兰的科学、技术与社会》[(美)默顿著,范岱年等译. 北京:商务印书馆,2000.]第五章《新科学的动力》,其中默顿在"理性主义与经验主义"一节中曾对于他在这里所用的理性概念进行注释指出,从属于经验主义的理性发挥的是使人与动物相区别的作用。(P.132)这一涵义正与由黑格尔所揭橥,并为哈贝马斯所继承的作为市民社会所遵循的市民阶级思维理念之理性涵义相同,即:"理性的目的乃在于除去自然的质朴性,其中一部分是消极的无我性,另一部分是知识和意志的朴素性,即精神所潜在的直接性和单一性,而且首先使精神的这个外在性获得适合于它的合理性,即普遍性的形式或理智性。"[(德)黑格尔. 法哲学原理[M]. 范扬,张企泰译. 北京:商务印书馆,1961(2016年重印):230.]事实上正是由韦伯所揭橥的近代以来西方社会理性化进程所指的理性。

④ Celia Applegate. The Creative Possibilities of Science′in Civil Society and Public Life:A Commentary [J]. *Osiris*,2002,Vol.17(2nd Series):353.

⑤ Celia Applegate. The Creative Possibilities of Science′in Civil Society and Public Life:A Commentary [J]. *Osiris*,2002,Vol.17(2nd Series):353.

科学社团、新式大学等社会机构,而这一社会体制则致力于推进作为现代理性化社会的公共利益的科研工作①。考虑到公共领域本身就是现代社会体制运行的社会空间,那么科研工作获得社会体制赞助就具有应然性,并自然演绎为科学体制化的历史逻辑。可见在科学与公共领域的历史交集中,科学体制化承载的是现代理性化的社会文化崇尚的理性价值。对于本书主题之科学社会史研究而言,这构成了科学理念与科学建制之间内在关联的逻辑架构。

返回到本书主题,中华自然科学社的科学体制化历程也是由科学与公共领域的历史交集引领。这种引领表现为,接受理工科高等教育的民国学子以科技工作者作为职业目标,他们普遍认同科研工作作为职业的理念,由于这种理念指向令社会理性化的社会功能,不仅造就科研工作本身成为具有理性意蕴的公共事务,而且使得围绕科技工作者职业理念出现的业缘化进程走向公共领域的形成,作为综合性科学社团的中华自然科学社是这一科技工作者的职业社团建制,它以科技工作者职业理念的内涵之理性主义作为所认同的理念,规定这种理念指向的令社会理性化的社会功能就是本身旨在实现的社会功能,也就是体现科技知识本身表征的理性是所追求的公共利益。在这一社会功能实现的过程中,中华自然科学社发挥出作为实践场域的作用,使得作为科技工作者职业理念的内涵之理性主义的理念发挥本身内在的意识形态功能,引导科技工作者职业遵循客观的职业主义的体制化运行逻辑,展开社团内部的职业体制建设,表征科研工作获得现代社会体制赞助的科学体制化进程的中国化形态,从而被赋予中国本土化的公共领域建制形态,开启科研工作作为具有自主性要求的社会体制化进程。

(三) 中华自然科学社的科学社会史意蕴

中华自然科学社社史表明,科技工作者职业理念所内涵的理性主义的意识形态表现为:社员视科技知识为理性化的文化,为此需要发展与普及科

---

① Celia Applegate. The Creative Possibilities of Science ´in Civil Society and Public Life: A Commentary [J]. *Osiris*, 2002, Vol. 17(2nd Series) : 353.

技知识,增进科技知识旨在增进理性,普及科技知识则旨在传播理性,二者是理性化的文化的一体两面,也就是社团需要实现的社会功能。在这一历史进程中,中华自然科学社成为民国科学界以共同的科技工作者职业属性维系的职业社团,获得中国本土化的公共领域建制属性。

公共领域形成并发展于开启现代化进程的晚清与民国社会,表现为这一时期的现代化进程使得国家与社会之间的关系发生了变化,传统社会经由现代化建设持续理性化,而现代国家行政管理体制却并未同步实现理性化,引起由于现代化建设兴起的遵循理性原则的社会公共事务脱离国家行政管理,由新型的社会自治组织与利益团体阐明这些社会公共事务的理性化目标与意义。这就产生一种理性化的具有独立于国家行政管理的自主性的社会空间,形成公共领域在近代以来中国社会的表征,其中运行的是现代化的公共事务①。进一步来讲,根据章清的论述,运行这种现代化的公共事务的社会自治组织与利益团体是新兴的社会集团力量,是以地缘、业缘与阶级等文化因素予以维系而形成的现代社会动员方式的结果,而业缘化的社

---

① 自 20 世纪 90 年代关于公共领域在中国的研究在国内外人文社会科学界兴起以来,学界关于公共领域在近代中国社会的发生逻辑与表现形态的共识就是本书这里的论述。因为学界一致认为,哈贝马斯在两种意义上使用公共领域概念,其一是指 17、18 世纪以来欧洲市民社会的运行机制,具有特定的社会文化属性,因此必须被称之为资产阶级公共领域;其二则是在更为宽广的意义上,指称现代化进程中国家与社会交互作用所产生的社会结构,这种社会结构是国家与社会实现交互作用的一种社会空间,一般由社会现代化所带来的理性化的自主性变化引起,随之导致国家的因应,通常来说表现为国家权威来自社会的理性设计使得社会国家化,进而产生出国家社会化进程再反作用于这种社会结构。第二种意义上的公共领域就成为一个分析概念,能够用于阐释现代化进程中非西方国家的社会与国家互动所产生的社会结构,由于社会的理性化的自主性变化一般而言就是现代化的公共活动,所以在公共领域中得到运行的是社会自治组织与利益团体所主持的现代化的公共事务。例如晚清以来中国具有地域辐射能力的城市经济的兴起,包括现代化的商业公司、公共财政体制与文化传播媒介,令若干商业城市如汉口的本地公益事务,包括公共工程等城市服务系统,以及文化传播媒介体制如报刊等公共舆论,成为公共领域,发挥国家权威的社会理性设计的功能。参见:William T. Rowe. The public sphere in modern China[J]. *Modern China*,1990(Vol 16)(3):309 – 329. Philip C. C. Huang. "Public Sphere"/"Civil Society"in China?:The third realm between state and society[J]. *Modern China*,1993(Vol 19)(2):216 – 240. 杨念群. 近代中国研究中的"市民社会"——方法及限度[C]. 邓正来主编. 国家与市民社会:中国视角. 上海:上海人民出版社,2011:22 – 36.
金观涛,刘青峰. 从"群"到"社会""社会主义"——中国近代公共领域变迁的思想史研究[C]. 许纪霖,宋宏编. 现代中国思想的核心观念. 上海,上海人民出版社,2011:.511 – 549.

会动员方式令新型的社会群体介入理性化的社会公共事务中,本质上是职业化进程在中国社会的生成轨迹①。

在中国社会的职业化进程中,科技工作者职业进程的开启也造就了业缘化的社会动员方式,致力于形成新兴的职业科技工作者集团来发挥科学的工具性专长,以使得社会理性化,这就是综合性科学社团。台湾学者郭正昭在 20 世纪 70 年代对于中国科学社的历史考察已经表明,作为职业化进程的表现形式,业缘化的社会动员方式就是中国科学社等综合性科学社团。在综合性科学社团中,职业科技工作者表现出以共同具有的科技知识所维系的社会大群意识,基于这一意识认识到综合性科学社团的功能在于使得社会理性化②,也就是发挥科技工作者职业的社会功能:令社会生活全方位处于理性影响之下③。所以,综合性科学社团赋予科技工作者群体以业缘化的社会动员方式这一事实表明:科技工作者职业本身正是为社会赋予现代理性意义的公共事务。这说明作为民国综合性科学社团,中华自然科学社存在的意义正体现在它是近代中国社会的公共领域建制,是科学与公共领域的历史交集在现代化开启以来的中国社会的历史展现。

对于作为公共领域建制的中华自然科学社,理性主义的意识形态发挥的桥接功能十分重要,开启科技工作者职业遵循职业主义规定的体制化运行轨迹,经由科学体制化将科技工作者职业理念与令社会理性化的社会功能连接起来,塑造社员认识科技工作者职业伦理并予以理念表达的历史进程。反观民国时期科技工作者职业组织化运行的历史情形,中华自然科学社就是关于科技工作者职业的组织化运行环境的一部分。这体现为由于本身所具有的公共领域建制性质,中华自然科学社发挥指明科技知识赋予社会以理性意义的作用,因此主要的社团活动围绕理性及其效用(reason and

---

① 章清. 省界、业界与阶级:近代中国集团力量的兴起及其难局[J]. 中国社会科学,2003(2):189 – 203.

② 郭正昭.“中国科学社”与中国近代科学化运动(1914—1935)——民国学会个案探讨之一 [C]. 中华民国史料研究中心编. 中国现代史研究专题报告(第一辑),1982 年 6 月:259 – 262.

③ Steven Shapin. The Scientific Life:A Moral History of A Late Modern Vocation[M]. Chicago and London:The Univiersity of Chicago Press,2008:9 – 10.

utility)展开,表达科技工作者关于科技工作者职业在社会理性化进程中所具有的社会功能的感受,为此发展出科学普及与科学交流这两类活动,呈现科技工作者职业在中国社会理性化进程中的道德合法性。从职业主义理论视角看来,这可被视为是维持科技知识有效运用的一种社会活动,对应关于科技工作者职业的规章制度与道德准则的结构性制度的形成。由于专业化知识的制度化是这一结构性制度形成的逻辑基础,所以中华自然科学社的上述两类活动以科技知识的制度化进程作为基础,建构起科技工作者的社会责任源出的科技知识的制度伦理化,表现为作为专业化知识的科技知识自主地塑造职业的伦理标准与规则,成为中华自然科学社这一科技工作者职业组织的制度伦理,规制运用科技知识的科学家的职业行为,在体现职业自主性的社会轨迹意义上,引导社员认识与表达科技工作者职业伦理。

中华自然科学社的公共领域建制属性规定了它的体制化轨迹,表现为社员从共同认同的科技工作者职业理念这一结合理念出发进行社会活动,为中华自然科学社造就科技这种专业化知识的有效运用的组织化运行环境,而围绕科技知识的交流与普及,关于科技工作者职业的规章制度与道德准则的结构性制度有以形成,进而中华自然科学社社务活动所应遵循的制度伦理得到构建,在表征社团体制化进程的同时,显示这一进程的意义在于表达民国科学技术学界所认知的科技工作者职业伦理,以科技知识交流与普及作为内涵,旨在为当时中国社会的理性化运行指出方向。

四、本书的结构安排

从科技工作者职业伦理的视角出发,基于科学与公共领域的研究框架,本选题的研究思路在于:中华自然科学社是秉承民国科技工作者职业理念的科学建制,它的发展历程起源于科技工作者职业化进程在民国社会的展开,表现为由于理性主义的意识形态所规定的科技工作者职业理念兴起,引导民国科学技术学界致力于通过科技这一专业化知识的有效运用,发挥科技知识所具有的令社会生活理性化的社会功能,使得科技知识的有效运用成为一种遵循理性原则的社会公共事务,这令作为民国科技工作者职业社团的中华自然科学社发展出业缘化动员方式,成为民国社会的一种公共领域建制,以科技工作者职业理念作为价值导向,表达科技工作者职业本身内在的为社会赋予理性意义的公共利益,并通过将这种公共利益规定为所发挥的社会功能予以实现;在这一社会功能的实现过程中,由于科技工作者职业内在的理性主义的意识形态的规制,社员本身的作为民国科技工作者的社会角色意识发展出一种责任伦理意识,认识到负有从科学研究出发开展科学普及责任;这一责任伦理在实践过程中遵循学科规训化路径,表征作为现代社会职业体制化规则的职业主义路径,使得中华自然科学社社员最终形成一种发展理性化的社会文化的意识,表征科技工作者职业伦理理念在民国的形成过程。这也就是中华自然科学社作为民国社会公共领域建制而存在的科学社会史意义。因此,本书的结构安排如下:

第一章论述中华自然科学社成为民国社会的公共领域建制,也就是民国科技工作者的业缘化社会组织的历史过程,展现民国科技工作者基于职业理念认同实现业缘化结合的动力因素,以及当秉承职业理念之时,中华自然科学社发展成为公共领域建制的体制化机制,理性主义的意识形态赋予中华自然科学社令社会理性化功能,使得中华自然科学社社员在形塑社团建制的过程中,遵照的是运行理性化事务的民国社会公共领域建制的运行机制,进而使得理性主义的意识形态规制了社团所要发挥的社会功能,从而令社员的社会角色意识转向责任伦理。从中华自然科学社社史来看,这一过程形成于1927—1937年期间。

第二章与第三章论述从科研工作出发开展科技知识普及这一责任伦理如何实现运作。按照中华自然科学社社史,社员在社务活动中实践责任伦理是从抗日战争期间开始的,先是在1938—1941年期间发展出责任伦理的应用科学学科规训化实践,然后是在1942—1945年期间发展出责任伦理的基础科学学科规训化实践,分别对应于面向抗战建国时代要求而发展出来的大后方科学技术学界的社会责任。具体而言,为适应抗战建国时代要求赋予科技工作者以发展与应用科技知识的使命,中华自然科学社总社安排对应于抗战建国时代要求的不同方向的社团工作布局,一是应用科学方向的社团工作布局,另一是基础科学方向的社团工作布局,引领社员分别顺应不同布局而开展相应的科学普及活动。综合来看,这表征的是责任伦理的运行机制,遵循的是职业主义所规定的现代社会中职业本身的体制化路径。

第四章论述责任伦理转向职业伦理的过程。从中华自然科学社社史看来,这一转向发生在 1946—1949 年期间,表现为社员的科研工作与科技知识普及社务活动之间形成一种结构系统,在科学建国时代要求引导下形成的面向科技创新的科技传播系统,其中由于社员具有的责任伦理意识,作为在抗战期间社务活动中形成的责任伦理运行机制,学科规训成为这一系统运行机制,标志责任伦理的学科规训实现制度化。而面向科学创新的学科规训制度的构建本身具有制度伦理意蕴,表现为正是由于这一科技传播系统的构建,社员们意识到实现科技创新要发挥相应的面向国内社会的说服功能,使得责任伦理理念最终发展成为科技工作者职业伦理理念,走向推进理性化的社会文化进步的历史道路。

结束语综合论述中华自然科学社作为民国社会公共领域建制的科学社会史意义,在学理层面上,梳理上述四章所展现的中华自然科学社社史在科技工作者职业伦理向度下的意义,说明本书在科学社会史学理论层面的逻辑线索所在,展示在科技工作者职业伦理的研究视角下开展中华自然科学社历史考察的构思。

第一章　公共领域方向的体制化与
责任伦理的兴起(1927—1937)

　　1927 年,中央大学理化学科四名在校川籍大学生发起成立一学社,名为华西自然科学社,旨在群策群力应用科技知识于四川一省的经济建设;后来由于校内理工科学生入社导致新增社员籍贯不限于西南,社员于是决定扩展社务宗旨为应用科技知识于国家建设,更新社名为中华自然科学社,从事于中国科学的发展与应用,推动学社逐渐成为由分布于各门科学学科的科技工作者参加的综合性科学社团。中华自然科学社的这一转变体现的是科技工作者职业理念的作用,是民国以来科技工作者职业化进程遵循的理性主义的意识形态规制下的结果,表征由科技工作者职业理念赋予科技工作者群体的业缘化动员方式,旨在实现科技知识的有效运用。这使得在上述转变进程中,中华自然科学社经历公共领域建制化过程,成为一种公共领域建制,为科技工作者职业理念的社会实现提供建制性社会基础。

1.1　中华自然科学社社员的结社缘起

　　中华自然科学社缘起于科技工作者职业理念在民国崇尚科学的现代性价值观氛围中的兴起,体现在社团的成立初衷以及演化为社务宗旨的历史进程方面,并影响社团成为一个围绕科技工作者职业理念展开社务运作的业缘化社会组织,为社团从成立之始就开始科技工作者职业化探索提供了必要的前提。在科学社会史视域下来看,这一进程是历时性展开的,从 1927

年成立开始,直至 1932 年意识到要创办《科学世界》这一科普刊物之时,这是社团走向科技工作者职业理念主导下的业缘化社会组织的历史缘起。

1.1.1 科技工作者职业理念在民国的形成

中华自然科学社是科技现代性的中国本土化的产物,表现为民国时期出现了崇尚科技知识的现代性价值观这一新兴的文化价值观,使得联系理论与实践的科技工作者职业理念兴起。从学理上来看,这需要将科技知识与现代性之间的内在关联,以及科技知识塑造作为中国现代性启蒙期的民国现代性价值观的历史进程,相结合来予以阐释。

1.1.1.1 科技工作者职业理念的现代性维度

作为本质上是源自西方现代化历程而形成的理性化文化模式,现代性的根本特征在于理性的文化精神,表达的是一种理性化的社会文化价值规范取向,表现为在启蒙运动与科学革命的历史进程推动之下,基于人类主体性与力量性意识的理性认识生成崇尚合理化的社会运行逻辑,包括抽象还原、定量计算、准确预测与有效控制等价值规范范畴,构成现代性这一理性化文化模式的精神性维度①。而"在精神性维度中其中一个很重要的方面在于自然科学化的世界图景"②,表征现代性的科技知识维度。从西方社会理性化的发展过程来看,古希腊直至启蒙运动时代,因对于自然规律的形式认知的确证性,赋予人类运用思维把握自然界运行结构来揭示宇宙真理的确证性能力,数学成为理性的外在表现形式,表征理性的人类主体性诉求。到牛顿力学将数学与物理学相结合,在确证性地把握自然界运行结构基础上,能够展现并运用自然内在的机械力,数理实验科学就成为理性的外在表现形式,在人类主体性诉求基础之上,将人类力量性诉求扩充入理性的内涵,造就理性面向人类的物质世界用功,运用科技知识创造出前所未有的西方物质文明成就。具体来说,这以近代以来的机器生产体系来代表,形成机械

---

① 衣俊卿.现代性的维度及其当代命运[J].中国社会科学,2004(4):14.
　张凤阳.现代性的谱系[M].南京:南京大学出版社,2004:264.
② 李文娟.科学现代性的谱系[D].大连理工大学科学技术哲学专业博士学位论文,2014:18.

化、自动化、规模化与体系化的物质生产方式,从而确定数量、规模与速度之间的比例关系,实现对于作为人类理性之本质的确证性与力量性的表征,进而通过运行机器生产体系的工厂制度的理性化生产实践,以及对于社会其他组织的示范影响,将理性外化到社会价值层面,塑造出理性化的社会价值范畴,以可计算、可操作与可预测作为价值取向,规制上述理性价值规范范畴的凸现与所发挥的合理化社会运行轨迹的作用①。

当科技知识本身依托于现代性展现文化层面的价值取向意蕴之时,现代性的科技知识价值规范维度就展现为一种功利主义科技观,科技主义与工具主义是其中的内涵。这是通过经济层面的理性化制度安排来实现的。根据张凤阳与吴致远分别作出的相关论述可知,作为现代性的普遍性本质特征之理性化制度安排,资本主义市场经济的历史性开展实现理性化的社会价值范畴成为现代主导伦理,先是通过倒转伦理价值秩序,将前现代的非功利性伦理价值及主导的讲究血统与身份的等级制社会结构转换,以理性化生产实践所造就的物质文明来提升人类物质需求的价值位阶,令经济利益与生产效率成为新兴的社会伦理价值取向,使得作为经济利益与生产效率之追求手段的理性价值规范得到优先性提升,成为社会伦理中最具优先性的价值规范。然后通过科技知识对于作为理性价值规范之表象的技术而言的本源作用的凸显,也就是科技知识对于机器生产体系所表征的技术之发明与创造的决定性作用,科技知识的功利性价值实现外化,造就作为现代性的科技知识价值规范维度的功利主义科技观②。这可根据李文娟的论述来予以说明。按照李文娟对于科学现代性的历史性考察,功利主义科技观是现代性的科技知识价值规范维度发展到全面化阶段的产物,一方面主张科学主义,提倡科学方法作为适用于现代性的认知方法,具有普适性与正确性,能够为现代社会所有领域提供表征人类理性之确证性本质的客观实在的知识,这是科学对于现代性而言的积极效用;另一方面主张工具主义,认

---

① 吴致远.技术与现代性的形成[J].自然辩证法研究,2012(3):32-35.
② 张凤阳.现代性的谱系[M].南京:南京大学出版社,2004:251-252.
吴致远.技术与现代性的形成[J].自然辩证法研究,2012(3):34-35.

为科学方法所提供的客观实在的知识具有功利价值,表现为在通过客观实在的知识认识自然界的基础上能够驾驭与改造自然界,产生造就物质文明的工具性效用,表征的是人类理性之力量性本质①。

通过展现科技知识的确证性本质与功利性效用在现代性价值取向中的优先位阶,功利主义科技观构造出现代性的科技知识价值规范维度,也就是说,现代性的科技知识价值规范维度指向科技知识本身的伦理意蕴的价值优先性。换言之,科技知识本身的伦理意蕴在于经由客观实在知识造就物质文明的工具性效用,这正是现代性的价值优先取向所在。

回归到本书主题之科技工作者职业理念的学理内涵来看,这一维度体现的是理性化的科学理论指导实践的结构性联系,符合本书绪论所指出的科技工作者职业化的结构性内涵:理性知识与实践之间的结构性联系制度联系。事实上从科技工作者职业理念在近代以来西方社会生成的历史情形而言,科技工作者职业理念蕴育于现代性的科技知识价值规范维度。具体而言,托马斯·布罗曼在1995年发表一篇关于18世纪德国医学职业化历程的论文,指出18世纪启蒙运动带给西方社会以源自科学知识的理性与功利的现代性价值观,深刻地影响到作为启蒙之动力的教育制度的课程改革方面,表现为到18世纪末叶,理性与功利的现代性价值普遍成为从初级学校到高等院校的教育目的,演绎出分别表征理性与功利的理论课程与旨在应用理论的实践课程设置规范,最终塑造体现理性化的科学理论指导实践的结构性联系的职业化进程。18世纪德国医学职业化进程是典型性案例。在启蒙运动之前,德国医生遵循西方传统的医学世界观接受医学理论知识教育以及开展临床实践,并不认为他们所接受的专业医学知识方面的教育旨在实现医疗技术应用,而是秉持前现代的观念,认为这种教育的功用在于维持传统绅士身份所需的博学气质,因此在医学理论学说与临床实践之间并不存在关联性,前者也并不为后者赋予知识层面的合法性佐证,二者处于相分离的状态。在启蒙运动进程中,医学世界观转向表征科学知识的功利性价

---

① 李文娟.科学现代性的谱系[D].大连理工大学科学技术哲学专业博士学位论文,2014:95-97.

值的理性化方向,表现为医学理论的科学化进程开启,同时显示对于临床实践治疗方案的合法化作用,使得科学化的医学理论知识朝向功能性专业知识方向发展,在理论与实践之间建立起直接的联系,开创医学作为现代职业的发展历程,最为突出的体现就是医学大学体制以医学职业的社会功能作为改革方向,在医学课程中设置医学理论知识与临床实践合法性之间的联系作为教授原则,出现以医学理论知识指导临床实践为指向的功能专化的大学医学系体制。这使得到 18 世纪与 19 世纪之交,科学化的医学理论知识与临床实践之间的联系成为医生职业的标志;医生身份进而固化为科学理论与实践应用之间的结构化联系,成为一种现代职业①。

通过科学知识的理性化与实践性的伦理意蕴,现代性的科技知识价值维度作用于科技工作者职业理念的理论联系实践特质的生成,这正符合本书绪论所论:科技工作者职业起源于科学知识与世俗性道德观念之间的历史性联系,就是科学知识的工具性专长属性令科技知识具有了世俗性道德权威,促使科学家围绕社会的现代性事实生成关于科技工作者职业的世俗性道德观念,也就是关于科技工作者职业的理念。对于本节主题来说,上述理论方面的论述具有学理方面的指导意义,能够作为学理思路,阐明民国时期崇尚科技知识的现代性价值观作用于科技工作者职业理念兴起进程,这就需要进一步从科学社会史视域出发,一方面,考察科技知识在塑造作为中国社会现代性启蒙期的民国现代性价值观的历史进程,另一方面,考察联系理论与实践的科技工作者职业理念在民国时期生成的历史作用。

1.1.1.2 民国科技工作者职业理念的生成

从现代性的科技知识价值维度生成科技工作者职业理念的历史逻辑出发,反观本书的考察主题,考虑到罗荣渠所论述的现代性的历史情形:无论东西方时空域,现代性在社会现代化展开过程中具有相一致的同一性②。因此,本书认为,民国时期的科技工作者职业理念也应源自民国时期现代性的

---

① Thomas Broman. Rethinking Professionalization: Theory, Practice, and Professional Ideology in Eighteenth – Century German Medicine[J]. *The Journal of Modern History*, 1995, Vol. 67(4): 835 – 872.

② 罗荣渠. 现代化新论——世界与中国的现代化进程[M]. 北京:商务印书馆, 2004.

科技知识价值维度，那么这一历史进程是如何展开的？遵循上述历史逻辑的历史性生成禀赋，本书认为有必要从科学社会史视域予以考察，以明晰上述历史逻辑在民国时期的中国化情形。由于现代性的科学性价值维度来自科技知识的塑造，为此本小节致力于在科技知识塑造民国现代性价值观的历史进程中，考察科技工作者职业理念的生成。

按照夏锦乾关于中国现代性的历史考察，上述历史进程的展开来自近代以来中国的现代化方案，因为由西方现代化与现代性的学理一致性所决定，中国现代性是近代以来中国输入西方现代化的产物，然而由于输入过程与作为接受者的中国社会的主观选择相联系，演绎出近代以来中国现代化方案的出现与塑造，决定了现代化及其精神旨归之现代性在中国近代以来的历史走向，展现为由器物到建制再到精神诸领域的现代化建设，以及相应地从器物到制度再到文化诸层面的现代性意识的发轫。从根本上来分析，在中国现代化方案的主观选择中："后面还有接受者面对现代化的一种总体的意向。就中国而言，当西方以'船坚炮利'敲开晚清皇朝的大门时，如何迅速增强清王朝的整体力量，以抵御西方的现代化入侵，这才是晚清朝野思考的重心。因此，无论是对西方器物、制度还是文化的追求，目的都为了强固这个整体力量。当这个整体力量自信足够强大时，清王朝首先选择的便是'拒夷'和'变夷'，只有当它气喘吁吁、力不从心时，清王朝才被迫选择'师夷'。因此，从一开始，主导中国现代化运动的是一种表现为'整体主义'的前现代意识……是家族血缘制度的意识形态……维护的就是家族血缘的整体利益。……从宏观的角度看，不仅是晚清首创了这一现代化方案，即便是民国乃至中华人民共和国成立的前 30 年，都一无例外地以这一方案为一切行动的基调。根本的原因在于，维护整体一直是这 100 多年来的核心价值，它直接表现为富国强兵的理想。所不同的只是，晚清的整体是家族，民国和共和国的整体是民族。"①

从现代性作为理性文化模式表达理性化的社会文化价值规范取向来看，富国强兵理想所表征的整体主义价值取向可被视为中国现代性要表达的价值，可以说是理性化的社会文化价值规范取向的中国本土化形态，表现为一种前现代意识成为理性化的社会文化价值规范，那么根据理性化的社会文化价值规范取向生成的历史逻辑，其中必定蕴含科学知识本身的理性化与实践化的伦理意蕴，才能凸显对于现代性价值所表达的合理化社会运行轨迹的现代伦理诉求的规制，这就需要探索富国强兵理想中的科学意蕴，寻绎中国现代性的科学性价值维度内涵，可从科学知识本身的伦理意蕴对于中国现代性价值观的塑造历程来考察。

根据黄兴涛的研究，民国开启科学知识塑造民国现代性价值观的历史进程。他在《中国文化通史·民国卷》一书中提出了民国文化的时代精神命题，指出："这一时期，文化的时代精神主要由崇尚民主与科学的现代性追求，企盼中华民族及其文化复兴的强烈民族主义冲动，寻求中西文化会通融合的理性自觉三方面内容立体构成。其中，对以民主和科学为核心的现代性追求，成为民国文化的价值核心……民国时期特别是五四以后，人们对科学的理解更加深入，追求也更为热烈而自觉。如果说在晚清，对一般知识分子来说，科学主要还只限于科技物质成就和自然科学，那么此时则不仅涵盖一般社会科学，更是一种广义的世界观和方法论，一种包括破除迷信、打碎偶像、崇尚理性、注重逻辑实证等精神在内的至上价值观念。……这种精神的实质，胡适概括为'评判的态度'或'重新估量一切价值'。"②

黄兴涛并指出，这种科学的世界观和方法论演绎为三种价值观，分别是

---

① 夏锦乾.从对立走向统一———对中国现代化与现代性的一点思考[C].上海：中英审美现代性的差异：首届"中英马克思主义美学双边论坛"会议论文集，2011：208、209、210.这里所论述的夏锦乾关于中国现代性的历史考察，也来自这篇文章。参见：夏锦乾.从对立走向统一———对中国现代化与现代性的一点思考[C].上海：中英审美现代性的差异：首届"中英马克思主义美学双边论坛"会议论文集，2011：206－213.

② 黄兴涛主编.中国文化通史·民国卷[M].北京：北京师范大学出版社，2009：33、37.

理性主义、唯物史观和资产阶级社会科学学说①，其中理性主义价值观沿着科技知识的本土化移植路径展开，最全面地表达了现代性价值。彭国兴延续黄兴涛的理性主义价值观研究路径展开史实探索，指出这一路径表现为科技知识被提升到理性思维的文化价值观层面，推动民国科学团体的科学社会化努力，从 20 世纪 10—20 年代科技知识与科学思想传播，到 20 世纪 30—40 年代科技知识的体制化、本土化与社会化，实现科研工作中国本土化基础上的社会科学化。无论是何种模式，均致力于达到利用科技知识于国家建设的目的，使得中国社会运行能够预流现代性的合理化程式，满足作为中国现代化命题的"改变中国贫穷、落后又备受凌辱状况的现实需求"②。可见在民国时期，从实现改变中国落后现实的国家建设现代化需要出发，科技知识体现出所蕴涵的理性以及理性化实践的现代性价值，呈现出科技知识本身的伦理意蕴对于中国现代性价值观的塑造历程，展现前述现代性的中国本土化蕴涵的富国强兵理想中的科学意蕴，也就是中国现代性的科技知识价值维度内涵。

科技工作者职业理念的本质内涵在于发挥科学知识的工具性专长，围绕社会的现代性事实实现科技知识的理论联系实践特质。从这点出发来看，民国时期中国现代性的科技知识价值维度的历史发展情形则生成科技工作者职业理念。根据彭国兴关于民国时期科学社会化历史情形的论述，先是在 1926 年，《自然界》创刊，提出中国的科学旨在实现科技知识的中国社会应用命题；然后到 30 年代，中国科学化运动提出科技知识关切中国社会实际的"中国社会之科学化"命题；最后在 40 年代，中国科技工作者群体组织的各种科技工作者团体深化中国科学化主张，提出包含科学与社会、科学与实业诸方面的科学化的中国前景命题③。这就是说，中国现代性的科技知识价值维度造就体现理论联系实践特质的科技工作者职业理念。中华自然

---

① 黄兴涛主编.中国文化通史·民国卷[M].北京:北京师范大学出版社,2009:38.

② 彭国兴.20 世纪前半期中国关于科学社会功能的认识研究[D].西北大学历史学专业博士学位论文,2004:65－66.

③ 彭国兴.20 世纪前半期中国关于科学社会功能的认识研究[D].西北大学历史学专业博士学位论文,2004:66－69.

科学社则正缘起于这一科技工作者职业理念在民国时期兴起的历史背景中。

1.1.2　社员的业缘化结社活动

科技工作者职业理念的兴起成为中华自然科学社缘起的思想动力,规制社团在现代性价值观基础上,将建立在现代性事实基础上的实现科技知识的理论联系实践特质作为成立初衷,并通过这一初衷理念的传播扩展在国内科技工作者群体中的影响力,形成围绕科技工作者职业理念的业缘化科学社团,从事反映科技工作者职业理念的科学事业,1932年创办民国持续时间最长的科普刊物之《科学世界》,开创以科学大众化为宗旨的业缘化活动。通过相关学理考察可知,民国科技工作者关于自身的社会角色意识成为其中的枢纽,将科技工作者职业理念与业缘化社会团体的社会组织形式加以联系,呈现中华自然科学社作为民国科技工作者业缘化社会组织渊源的科学社会史脉络。

1.1.2.1　科技工作者职业理念与中华自然科学社的缘起

中华自然科学社基于科技工作者职业理念成立体现在社团的历史缘起方面,这可通过展开有关社团成立历史情形的史实论述予以表述。根据社员沈其益与杨浪明在20世纪80年代合作发表的《中华自然科学社简史》,可知:

> 这个学社的前身是华西自然科学社,1927年9月在南京前中央大学成立。当时发起人鉴于我国西部科学比较落后,而四川又是天府之国,宝库亟待开发,于是联络一些川籍同学组织了这个学社,准备学成回去以后,从事我国西部的科学建设事业。1928年7月在南京举行第一届年会时,大家感到科学落后是我国的普遍现象,而当时社友的籍贯

已不限于华西,所以决议改名为中华自然科学社①。

社团的成立初衷体现的是现代性的科技知识价值维度,表现为一种归纳自现代性事实的思想认识,认为从事科学建设事业可以改变中国西部地区乃至全国范围内的科学落后情形。究其实质,这一认识其实是联系理论与实践特质的科技工作者职业理念,旨在发挥科学知识的工具性专长。这从社员郑集在 1943 年所发表的《中华自然科学社之回顾》一文可见。当时郑集在文中论述社团创社旨趣时指出,社团是从民国科学界关于科技工作者的社会角色意识出发,展现科技工作者职业理念:

> 本社最初为几位大学在学青年所创立,系以研究及发展自然科学为宗旨。换言之,我们这个组织的目的,是要群策群力,努力于自然科学之研究及应用,前者在求真理之愉快,后者在谋人类之幸福。本社最初之创办人,皆为西南人士,故初名为华西自然科学社,后东南人士加入渐多,原名不再适用,乃于十七年南京开年会时,改为全国性之中华自然科学社②。

根据张剑的论述,科技工作者的社会角色意识源于西方社会的现代性事实,是科研工作成为一种社会职业的历史进程使然。科技工作者职业化要形成关于自身的社会角色的自主性认知,认识到他们的社会角色以科研工作作为职业活动,具有独特的社会功能,旨在运用理性思维以发现科学真

---

① 沈其益,杨浪明.中华自然科学社简史[J].中国科技史料,1982(2):58.注:这里有必要指出的是,1927 年 9 月之时,中央大学这一校名还未出现。根据中央大学校史可知,该校前身为 1902 年张之洞与刘坤一筹建的三江师范学堂(1902—1906),后易名为两江师范学堂(1906—1911);辛亥革命后停办两年,于 1914 年续办时被命名为南京高等师范学堂(1914—1923);1921—1923 年,经由教育家郭秉文先生倡导扩建为承载现代高等教育功能综合性大学,更名为国立东南大学(1923—1927);1927—1928 年,在国民革命北伐运动及其后国民政府教育体制变迁影响下,先是由国立东南大学更改校名为国立第四中山大学(1927 年 6 月 9 日—1928 年 2 月 28 日),然后改称国立江苏大学(1928 年 2 月 29 日—5 月 15 日),最终定为国立中央大学之校名。因此当中华自然科学社创社之时,创社社员所在大学应为国立第四中山大学。然而本书认为,为尊重社员沈其益与杨浪明在社史撰写中的用名,本书仍旧使用中央大学作为社团创社时期所在大学的校名,而这并不影响历史事实,因为国立第四中山大学与国立江苏大学均是中央大学的前身,在中国现代高等教育史上所指仍然是中央大学。

② 郑集.中华自然科学社之回顾[C].郑集.郑集科学文选.南京:南京大学出版社,1993:251.

理,进而发挥科学真理的实用性,展现理性的精神特质。然而不同于科技工作者的社会角色意识在现代西方社会的生成形态,科技工作者的社会角色在近代以来中国社会的形态深刻呈现出中国现代性的影响,在中国现代性所表达的由富国强兵理想表征的整体主义价值取向影响下,民国时期出现的中国科技工作者的社会角色在一定程度上由致用这一实用理性外塑。也就是说,在民国科技工作者关于自身社会角色意识中,相比于发现科学真理,发挥科学真理的实用性事实上在伦理价值层面更具有主导性①。由此反观中华自然科学社的成立初衷所蕴涵的科技工作者职业理念属性,可知这一属性渊源于特定的时代伦理价值,从属于民国科技工作者职业理念中致用主导的伦理价值取向。根本上来说,呈现的是民国社会现代性的价值观层面影响,通过科学社团这一社会建制形式,表现民国科技工作者关于自身社会角色意识在这一进程中发挥思想动力作用。

那么,社会建制如何能够经由社会价值观层面的思想动力有以形成,具体来说就是科技工作者职业理念如何能够主导科学社团这一社会建制的成立?这须回到本书绪论论及的中国现代的业缘化社会结构属性来认识。业缘化的社会结构来自现代化历史进程中思想认识层面由前现代向现代的转变,表现为这种转变引致人类社会群体结合逻辑由前现代向现代的综合性转变过程。其中前现代群体以感情的融合而自然相结合,使得各种社会功能相复合;现代群体则以人类理性的结合为基础来人为相结合,形成特定的建立在理性思维基础上的具有专门化功能的社会结构,表征理性思维基础上结合的社会结构,发挥专门化的社会功能,其中包括以共同工作关系为纽带而形成的具有群体认同意识的组织,例如商会与工会等职业性协会,构成业缘化的社会结构②。科学社团则正从属于现代社会中业缘化的社会结构之组织形态,因为展现的正是在理性思维基础上发挥科技工作者职业的专门化社会功能的社会结构。段治文就指出:"科学家作为一种专业化程度极

---

① 张剑.中国近代科学与科学体制化[M].成都:四川人民出版社,2008:483-500.
② 何晓明.近代中国社会构成简论[J].历史教学,1994(5):10.

强的社会职业的存在,其对社会变革的意义极其重大。这不仅表现在科技工作者职业化专业化的形成对于科学知识的介绍和传播,对于科学研究事业的推动,对于整个社会的科学化以至现代化的发展具有着文化价值上的'有形的功能'上,而且表现在对于近代中国社会结构的变迁所表现出的一种文化价值上的'无形的功能'上。……二三十年代以后,功能专门化的各种科学学会的大量出现,才真正是中国社会基础结构从血缘的和地缘的走向高度业缘的一个有力证明。"①

科技工作者职业理念主导科学社团这一社会建制的成立,归根结底在于科技工作者职业理念本质上从属于现代性的科技知识价值维度,是一种理性观念,能够规制科技工作者职业的专业化功能的发挥,表征围绕科技工作者职业化而兴起的科技工作者的群体认同意识,也就是他们作为科技工作者相互结合的业缘化纽带。

在科学社会史视域中,上述历史现象如何具体呈现?综观社团成立缘起直至发展为具有明显业缘化特质的科学社团的史实,这是通过社团对于民国科技工作者群体关于自身社会角色意识的历史呈现来体现。从1927年9月成立伊始,直至1932年创办《科学世界》之时,相应的历史进程得到最为充分的呈现,并铺设了社团成为民国科技工作者群体中业缘化社会组织形态的社会结构基础。

1.1.2.2 科技工作者职业理念与中华自然科学社的业缘化

科技工作者职业理念与中华自然科学社的业缘化历史进程的展开遵循一定的逻辑,这需要从业缘关系的学理意蕴来作出说明。

业缘关系在学理上而言是在现代社会分工大势下,"人们由职业或行业的活动需要而结成的人际关系,与血缘关系和地缘关系不同,业缘关系不是与人类社会俱来的,而是在血缘和地缘关系的基础之上由人们广泛的社会

---

① 段治文.中国现代科学文化的兴起(1919—1936)[M].上海:上海人民出版社,2001:309-310.

分工形成的复杂的社会关系"①,在现代社会现实中表现为致力于工作范围内专业事务的程序化合作模式②。进一步来说,作为现代社会关系,业缘关系实质上是公共交往规则,以现代性所发展出来的理性化伦理作为文化前提,在理性基础上的现代社会的规范取向伦理所规制,体现以理性为基础的公共交往所要达到的主体性伦理目的。具体而言,蕴含平等和自由精神的理性规制了现代性的伦理事实:现代社会每个人均具有自主性实践伦理法则的权利与要求,因此相互交往的前提在于体现平等和自由原则的交互性,为此与前现代公共交往所遵循的先天给定的义务型伦理不同,现代社会公共交往遵循的是理性前提下的创制性的规范型伦理,通过创制理性化的伦理规范来反映每一个理性主体的公共交往要求,体现对于理性主体相交往而言是为必要的平等和自由原则下的交互性前提③。因此业缘关系表现的专业性的程序化合作模式本质上是理性化的规范型伦理。

返视围绕科技工作者职业形成的业缘关系,科技工作者职业来自科技知识中体现理性及其实践的理论联系实践特质,形成由理性知识及其实践之间的结构性联系所表征的制度化规范。那么,围绕科技工作者职业形成的业缘关系的规范就是发挥科学知识的工具性专长,这也表明作为现代社会的业缘化结构,科技工作者职业发挥的专门化社会功能的内涵所在。对于科技工作者职业理念与中华自然科学社的业缘化历史进程的展开而言,围绕科技工作者职业形成的业缘关系规范如何成为社团社务活动宗旨当是关键。这显明地体现在社团对于民国科技工作者群体关于自身社会角色意识的实践方面,可以社团从成立直至 1932 年 11 月创刊并发行《科学世界》之时作为时空域,分析社团的业缘化社会组织性质。

首先需要说明的是,中华自然科学社的四名创社者赵宗燠、李秀峰、郑

---

① 夏文华.中国现代科学文化共同体研究——以中央研究院为考察中心[D].山西大学科学技术史专业博士学位论文,2013:29.
② 潘允康.城市化与道德嬗变[J].道德与文明,2004(6):30.
③ 晏辉.在公共生活与私人生活之间:传统伦理的现代境遇[C].西安:第15次中韩伦理学国际讨论会会议论文集,2007:150-155.

集与苏吉呈①的创社初衷在于,基于民国科技工作者群体关于自身社会角色意识以及结社观念维系的地缘意识,认识到经由在中央大学中学习自然科学学科的西南各省学子的结社活动,可运用自然科学研究成果于科学落后的西部地区的经济建设,是当时中国科技工作者能够有所贡献于国家与社会的可行途径。到 1928 年创社第二年召开年会之时,社员人数增加到 26人,社员籍贯也越出四川一省的范围,社员因此意识到科技落后乃全国普遍现象,在全国范围内运用自然科学研究成果应是社团社务方向所在,遂将初名之华西自然科学社改为中华自然科学社②。表明社员来源的地域广泛性已经打破了最初结社所依赖的地缘意识,完全转向从属于现代性的民国科技工作者关于自身社会角色意识。而在随后的实践这一意识的过程中,社团先是展开科学交流活动,为实践这一意识进行必要的科学知识准备工作;然后以科学救国的时代要求为契机,围绕这一意识的实践发展出科技工作者职业所形成的业缘关系的规范。

图 1 - 1　东南大学时期建造的科学馆③

(1927 年中华自然科学社成立时,中央大学学习自然科学的学生主要学习与活动场所)

---

① 赵宗燠(1904—1989),重庆荣昌人,1924—1929 年就读于中央大学化学系;郑集(1900—2010),四川南溪人,1924—1928 年就读于中央大学生物系;李秀峰,四川泸县人,中央大学化学系理学士;苏吉呈,四川邛崃人,中央大学化学系理学士。
② 李学通整理.中华自然科学社概况(1940 年 5 月)[J].中国科技史杂志,2008(2):179 - 180.
③ 来源:南京大学校庆办公室校史资料编辑组.学报编辑部编辑.南京大学校史资料选辑[M].1982.4.

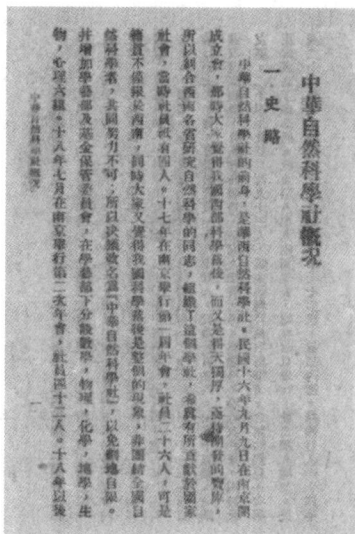

图1－2　中华自然科学社总社发表的社史文件：

《中华自然科学社概况》一文（1940年5月）①

（记录中华自然科学社成立与最初发展的过程）

图1－3　1930年时的郑集（中华自然科学社四位创办人之一）②

① 来源：李学通整理.中华自然科学社概况（1940年5月）[J].中国科技史杂志,2008（2）:179－186.

② 来源:百度百科:郑集词条　https://baike.baidu.com/item/郑集/1078753？fr＝aladdin（2018年5月12日搜索）

从 1928 年直至 1931 年,虽然当时社员在 1930 年就已增加到 57 人,但是由于大部分社员均尚处于大学学业与留学海外继续深造阶段,只有一部分社员结束学业步入社会工作。所以社务活动还只限于科技知识交流,表现为以 1928 年第二次年会所决议设立的学艺部组织为中心,分设数学、物理、化学、地学、生物、心理、农业、工业与医学 9 组于学艺部,借以举行不同学科内的学术报告讨论会,并以此作为社务活动形态。然而社员展开科技知识交流的现实旨趣在于发展中国科技①。从社团成立宗旨来看,发展自然科学的目标还延伸到应用科学,表明旨在为实践民国科技工作者关于自身社会角色意识做科技知识方面的准备,也表明发挥科技知识的工具性专长在理念层面规制社团这一时期的社务活动。这为后来社团明确围绕科技工作者职业形成的业缘关系的规范铺垫了认识基础。

1931 年"九一八"事变后,国内科技工作者群体的科学救国呼声高涨,例如 1932 年国民政府教育部为应对"九一八"事变以来日军的化学毒气战,特召开化学讨论会,召集国内化学界讨论发展中国的国防化学问题,得到国内化学界积极响应,并促使中国化学会在这次化学专业讨论上有以成立②,体现出以化学化工界为代表的国内科技工作者的科学救国思潮。在这一时代氛围中,中华自然科学社社员先是在南京推动成立"军事科学研究会",致力实践表征发挥科技知识的工具性专长认识的科学救国理念;然后在科学救国的实践中逐渐形成了科学大众化的科学救国道路认识③。因为他们意识到,从历史角度来看,要实践从发展科学走向应用科学的社务宗旨,科学大众化是必由之路:

> 这时,日本帝国主义侵占了整个东北,并逐渐侵入华北,国势危急,社友们激于义愤,都要求献身救国事业。从科技工作者的角度来说,救国用什么方法、走什么道路呢? 大家商议,认为科学工作不外三方面,

---

① 李学通整理. 中华自然科学社概况(1940 年 5 月)[J].中国科技史杂志,2008(2):180.
　沈其益,杨浪明.中华自然科学社简史[J].中国科技史料,1982(2):58.
② 袁振东.20 世纪 30 年代中国专门科学团体的崛起——以中国化学会为例[J].自然科学史研究,2009(3):343.
③ 李学通整理. 中华自然科学社概况(1940 年 5 月)[J].中国科技史杂志,2008(2):180.

即研究、普及和应用。鉴于过去一些办新政的人如张之洞、沈葆桢等，提倡学习西洋的物质文明，应用科学来富国强兵，可是这条道路没有走通，失败了。民初以来，许多从欧美回国的留学生，提倡科学研究，办研究所，培养科学人才，这当然是重要的，可是见效不大。于是我们有一种简单的想法，以为我国科学之不发达，是由于懂得科学的人太少，以致国家的科学文化很难提高；要提高必须作好普及工作；科学普及了，广大人民掌握知识科学了，利用科学发展生产，从而提高社会的科学文化、生产和人民的生活水平。因此决定走科学大众化的道路，从事普及科学运动。在 1932 年 11 月，创刊了一种通俗科学刊物《科学世界》，企图通过这一刊物，并配合科学讲演、科学展览等方式，向广大群众宣传科学知识①。

在学理层面来看，这凸显他们在社务实践中对于民国科技工作者关于自身社会角色意识的发展。原因在于，科学大众化道路认识是预备在发展科学的基础上，通过科学普及实现科技知识应用，从而提升中国科技水准，达到富国强兵的中国现代性所指向的整体主义价值取向，所以体现出社团这时发生社务活动形式方面的转变意义在于，社员明确认识到：社务活动应首要以应用科学来规制社务活动形式，表明发挥科学知识的工具性专长开始规制社团这一时期的社务活动实践。这也就是沈其益回忆的这一社务转向进程的科学社会史意义所在。

由于发挥科学知识的工具性专长本质上是科技工作者职业内在业缘关系规范，所以可以说，社员在社务活动中结成的关系就是一种现代社会中的业缘关系。因此而言，经由科学大众化理念，中华自然科学社实现科技工作者职业带来的业缘化过程。事实上，从 1927 年 9 月成立直至 1932 年 11 月创刊并发行《科学世界》，通过实践民国科技工作者关于自身社会角色意识，中华自然科学社开始在社务活动中贯彻作为社团成立初衷的科技工作者职业理念，从此形成社团作为社会组织的维系机制；围绕科技工作者职业所形

① 沈其益,杨浪明.中华自然科学社简史[J].中国科技史料,1982(2):58.

成的业缘关系,中华自然科学社在这一历史阶段经历了业缘化过程,并以《科学世界》的刊行为标志,凸显社团具备在理性基础上发挥科技工作者职业的专门化社会功能的社会结构,成为一个业缘化科技工作者社团。从《科学世界》的刊行开始,社员在社务活动中以发挥科学知识的工具性专长为规范,发展出科学大众化理念指向的科学普及这一专业事务的专业性程序化合作模式,推动社团在实践中形成发挥科技工作者职业的令社会理性化功能局面,并引领社团在1932—1934年期间发展成为理性化意义上的公共领域建制。

1.2 社团的公共领域建制化

中华自然科学社的业缘化令发挥科学知识的工具性专长成为社务活动,以作为专业事务的专业性程序化合作模式的科学普及活动来表征,从学理上来看体现的是社团成立初衷之科技工作者职业理念的实践途径。进一步从科技工作者职业的社会功能在于令社会理性化这一点而言,中华自然科学社的业缘化事实上表明,随着科学普及社务活动的开启,科技工作者职业的令社会理性化的功能会通过社团社务活动得到彰显,使得社团成为一种理性化的社会事务的运行空间,也就是本书绪论所论及的中国现代化过程中本土化形态的公共领域建制,显示出社团所代表的民国综合性科学社团建制的意义在于,经由公共领域建制化,表达科技知识表征的理性的现代性价值观对于民国综合性科学社团的规定性意蕴。

从中华自然科学社社史来看,《科学世界》的刊行规制了社务活动的理性化方向,并赋予社团社务宗旨以令社会理性化的意蕴,形塑社团由业缘化的科技工作者社团转变为公共领域建制的发展方向。通过科学社会史视域下的社史梳理,这一进程以1932年11月《科学世界》刊行为开端,直至1935年7月第八届年会,社团公布第八届年会宣言以及新的章程,宣告形成社会理性化的社务活动理念与机制,标志社团的公共领域建制化。

1.2.1 科技工作者职业理念的令社会理性化功能之实践

《科学世界》的刊行规制中华自然科学社社务活动的理性化方向是历时

性展开的,首先经由社团年会机制,在社员中确立该刊成为作为社务宗旨的科学大众化理念的实践中心,并通过《科学世界》创刊宗旨具体塑造社员的业缘化关系,也就是围绕科学普及这一专业事务的专业性程序化合作模式;然后在《科学世界》编辑方针对于社员实践科学大众化理念的主导作用下,发展出反映上述专业性程序化合作模式的三种科学普及方向,开启科技工作者职业的令社会理性化功能之实践。

1.2.1.1 《科学世界》创刊宗旨与社员业缘化关系的具体塑造

中华自然科学社在 1932 年召开第五届年会,"决定出版《科学世界》,作为普及科学知识的运动"①。这标志着《科学世界》创刊宗旨对于中华自然科学社业缘化关系塑造的开端,因为年会是社团从成立以来第二年建立的社务方面的权力运行机制,每年举行一次,旨在"决定将来计划,检讨过去成绩"②,可知第五届年会将《科学世界》的刊行作为社务方面的将来计划有所蕴含经由第五届年会的决定,《科学世界》的刊行表征社务活动形式转向由应用科学规制,展现科学大众化理念;而应用科学对于社务活动形式的规制通过发挥科学知识的工具性专长体现,表明《科学世界》的刊行塑造科学普及这一专业事务的专业性程序化合作模式,体现社员在社务活动中所发展起来的业缘化关系。

《科学世界》创刊宗旨开启社员业缘化关系的具体塑造历程。这一创刊宗旨经由"编者·发刊词"的形式,出现在《科学世界》创刊号上(1932 年 11月第 1 卷第 1 期),呈现中华自然科学社科学大众化理念之要旨。大意是说:经由《科学世界》的刊行,中华自然科学社致力于发挥科技工作者职业的令社会理性化功能路径,包括三个方面,一是培养公众的科学文化理解能力路径,二是科学知识体系理解能力路径,三是应用性科技知识运用能力路

---

① 十九年来的科学世界[J].中华自然科学社编印.科学世界.1950,19(6):134.

② 二十三年来的中华自然科学社[J].中华自然科学社编印.科学世界.1950,19(6):132.

径,实现"增进国人的科学常识"与"使明白科学的应用"的发行使命①。在"九一八"事变后,救国成为富国强兵的中国现代性所指向的整体主义价值取向具体化的环境中,实践科学救国这一中华自然科学社社员的科技工作者职业理念的时代要求。发刊词并提出以中小学理科教师作为主要对象的科普理念,意在藉由作为国民教育基础的中小学理科教育体系提高科普成效,从作为社会文化基础的教育切入,在根本上推进中国社会理性化水平②。

通过查阅社团发行的社务通讯刊物《社闻》可知,在《科学世界》刊行后,社务负责人仍然积极通知社员踊跃向该刊投稿,例如 1933 年 3 月印行的第 8 期《社闻》就刊登通告,"希望社友踊跃输文。短篇常识,尤所欢迎"③。也

---

① 李永威曾对科普的蕴涵提出了国际上通行的解释,认为科普所普及的科学"是一个广义的概念,通常包括三个方面的内容:一是对科学文化理解能力的培养,指公众的科学文化价值观(包括对科学事业本质的理解、科学精神价值观、科学道德观、科学的方法论和认识论、科学所产生的社会意义、科学与社会活动关系的理解、科学政策对科学事业的作用等);二是对科学知识体系理解能力的培养,指对科学知识、科学系统、科学研究过程、科学成果的运用等方面的了解;三是对应用性科技知识运用能力的培养,是指运用科技信息和科技知识解决日常生活和社会实践遇到的某些问题的能力"。〔李永威.关于科普、科学和科学素养[J].清华大学学报(哲学社会科学版),2004(1):88.〕本书认为,据此可见《发刊词》所指出的"增进国人的科学常识"与"使明白的科学的应用"对应全维度科普理念,互相照应。

② 在本人现有的关于中华自然科学社刊行《科学世界》的社史资料中,还没有关于为何选择中小学理科教师作为主要科普对象这一科普理念的形成方面的说明。但是在 1935 年第 4 卷第 1 期的《科学世界》中,刊行一篇中华自然科学社社员杨浪明在中央广播电台的科普讲演稿,题为《革命的科学运动》,指出:"国内学科学的大学生,出了校门也大都不求进步,不肯应用自己的所学,尤其是一班理科教员,认为教书没有出息,随便敷衍,或者见异思迁。这种坏的风气遍布全国,几十年来没有多少改变,宜乎中国的科学,终究落在别人的后面。我们应当认清,要提倡科学研究,科学非刻苦不可。同时应当知道科学教育尤其是中小学理科教育,是国民教育的基础,关系国家社会极大,应当打破轻视的心理,忠实于自己的职业,来共同担起推进中国科学运动的责任。……现代正当中国科学运动启蒙期间,我们对于这种运动,希望非常殷切,在热烈的希望中,值得为各位介绍的,便是中华自然科学社。这个团体是由海内外的科学青年组织成立的,从成立到现在已有七年多的历史,他们认清了国家的需要和自身的责任,在民国廿一年的下期就开始努力科学运动,首先打开科学运动的局面,做了这次运动急先锋。他们认清了要发达中国的科学,就要先普及科学,于是创办一种通俗科学杂志,就是多数人所知道的《科学世界》。"〔杨浪明.革命的科学运动[J].中华自然科学社编印.科学世界,1933,4(1):5〕本书认为,从杨浪明的这一论述来看,这说明当时中华自然科学社社员认识到,从中小学理科教育是国民教育基础并对于国家与社会具有极为广泛的影响力来看,展开科学普及应当选定中小学理科教员作为主要科普对象。而且这也直接说明,中华自然科学社社员是在将科技工作者视为一种职业的理念之下认识到社团走科学大众化道路的责任。

③ 《社闻》(第八期)[J].中华自然科学社编印.科学世界,1933,2(3):233.

就是说,《科学世界》创刊宗旨规定的发挥科技工作者职业的令社会理性化功能路径有所指向,规制社员在参与发挥科学知识的工具性专长的科技工作者职业活动中,以全维度科普理念作为撰写科普文章方向①,包括培养公众的科学文化理解能力、科学知识体系理解能力与应用性科技知识运用能力,形成对于科学普及这一科技工作者职业的专业性程序化合作模式的具体规范,表征《科学世界》的刊行之社务活动对于社员业缘化关系的具体塑造情形。这一具体塑造开启社员对于科技工作者职业的令社会理性化功能实践,表现为《科学世界》编辑方针对于创刊宗旨的相应实践。

1.2.1.2 《科学世界》编辑方针与社会理性化实践

在《科学世界》的刊行过程中,通过"本刊启事"栏目,创刊宗旨呈现为具体的编辑方针,承担指导社员开展全维度科普理念为方向的科普文章撰写的社务活动功能。这表明《科学世界》的刊行使得作为社务维系机制的业缘化关系具体化,形成以创刊宗旨作为规范的科学普及社务活动局面。

首先,1932—1935 年,《科学世界》发布了若干启事文字,表明社员在开展以全维度科普理念为方向的科普文章撰写的社务活动之时,需要根据刊物的编辑方针来组织科学知识及其应用方面的科普材料。例如,1932 年第 1 卷第 2 期"本刊启事"提及的投稿简则:"来稿内容以自然科学及其相关之应用科学为限,且内容务以浅显通俗为原则。"②随后 1933 年第 2 卷第 11 期刊登《本刊三卷一期化学专号征文启事》,决定第 3 卷第 1 期发表以化学知识及其应用为主题的科普文章③;1934 年第 3 卷第 8 期刊登《生物专号征稿启事》,决定第 3 卷第 11 期发表以生物学知识及其应用为主题的科普文章④;1935 年第 4 卷第 5 期刊登题为《近代科学专号之预告》的编辑委员会启事,

---

① 《科学世界》1950 年第 6 期曾刊登《二十三年来的中华自然科学社》一文,指出《科学世界》是本社普及科学的喉舌,都是由社友公余编写,同时外来的稿件也很多"〔二十三年来的中华自然科学社[J].中华自然科学社编印.科学世界,1950,19(6):132〕,表明《科学世界》本身正是社员发挥科学知识的工具性专长的科技工作者职业活动。

② 本刊启事[J].中华自然科学社编印.科学世界,1932,1(2).

③ 本刊三卷一期化学专号征文启事[J].中华自然科学社编印.科学世界,1933,2(11):.844.

④ 生物专号征稿启事[J].中华自然科学社编印.科学世界,1934,3(8):743.

决定第 4 卷第 6 期发表介绍科学最新进展的科普文章①。也就是说,创刊宗旨经由编辑方针对应于全维度科普理念:培养公众的科学文化理解能力、科学知识体系理解能力与应用性科技知识运用能力。

其次,学理层面的全维度科普理念在当时中华自然科学社社员共同认识中有历史表征。1935 年第 4 卷第 9 期《科学世界》刊载《科学是什么》一文,作为作者的中华自然科学社社员范谦衷指出,这篇文章提出的有关科学的命题代表社员共同认识,包括"科学的意义""科学的精神""科学的方法"与"科学的应用",其中科学的意义在于作为一种方法论,指导展开关于自然界事实的有系统的整理研究,寻绎各种自然现象之间互为因果关系,归纳与演绎建立在客观事实基础上的真理;科学的精神则是对于科学的意义进一步发展,其所蕴含就是寻找建立在客观事实基础上的真理,并延伸到对于作为一种认识方法的科学的信仰,包括敬爱事实、审慎判断、虚心采纳、联系观念与正确缜密;科学的方法是作为一种方法论的科学的具体化,包括归纳逻辑与演绎逻辑这两种科学研究方法;科学的应用是指科学研究寻绎到的真理在人类社会物质文明方面的应用价值②。由此综观 1—4 卷的科普文章情形,正是通过凝练为这四个方面主题,以刊发关于科学知识与应用方面的通俗性文章为原则的编辑方针得到贯彻,具体展现全维度科普理念。

---

① 近代科学专号之预告[J].中华自然科学社编印.科学世界,1935,4(5).注:这里将编辑方针截至 4 卷 5 期的《近代科学专号之预告》,是因为从 1936 年开始,随着中华自然科学社在 1935 年 7 月第八届年会上宣告成为民国社会中的公共领域建制,《科学世界》的编辑方针相应地生成对于社员的职业道德意识予以体现的意蕴,不再等同于这一时期的科研工作职业的令社会理性化功能的意蕴。这将在 1.3 节展开论述。
② 范谦衷.科学是什么[J].中华自然科学社编印.科学世界,1935,4(9):833 – 836.

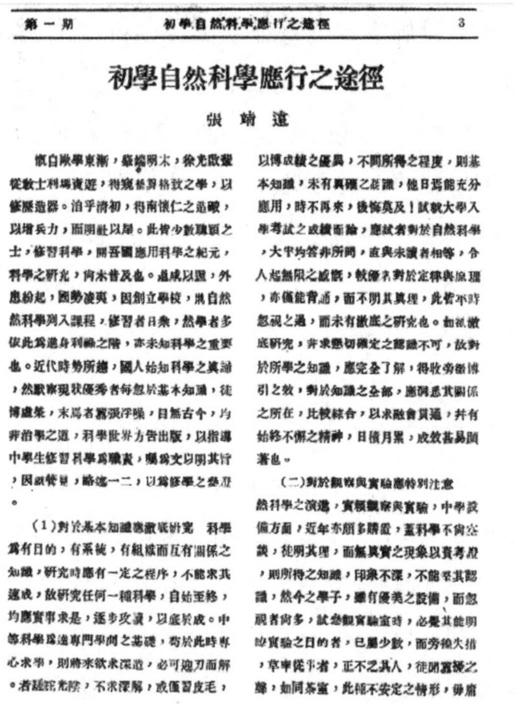
第一期　初學自然科學應行之途徑　3

初學自然科學應行之途徑

張靖遠

慨自歐學東漸，肇端明末，徐光啟輩從教士利瑪竇遊，得窺算學格致之學，以修曆造器。洎乎清初，得南懷仁之造礮，以增兵力，而明社以屋。此皆少數聰穎之士，修習科學，開吾國應用科學之紀元，科學之研究，尚未普及也。咸成以還，外患紛起，國勢淩夷，因創立學校，將自然科學列入課程，修習者日衆，然學者多依此爲進身利祿之階，亦未知科學之重要也。近代時勢所趨，國人始知科學之真諦，然默察現狀優秀者每忽於基本知識，徒博虛榮，末焉者囂張浮躁，目無古今，均非治學之道，科學世界方告出版，以指導中學生修習科學爲職責，屬爲文以明其旨，因就管見，略述一二，以爲修學之參證。

（1）對於基本知識應徹底研究　科學爲有目的，有系統，有組織而互有關係之知識，研究時應有一定之程序，不能求其速成，故研究任何一種科學，自始至終，均應實事求是，逐步攻讀，以底於成。中等科學爲進專門學問之基礎，苟於此時專心求學，則將來欲求深造，必可迎刃而解。若疏略光陰，不求深解，或僅習皮毛，以博成績之優異，不問所得之程度，則基本知識，未有真確之認識，他日焉能充分應用，時不再來，後悔莫及！試就大學入學考試之成績而論，應試者對於自然科學，大半均答非所問，直與未讀者相等，令人起無限之感慨，較優者對於定律與原理，亦僅能背誦，而不明其真理，此皆平時忽視之過，而未有徹底之研究也。如欲徹底研究，非求懇切確定之認識不可，故對於所學之知識，應完全了解，得收旁徵博引之效，對於知識之全部，應洞悉其關係之所在，比較綜合，以求融會貫通，并有始終不懈之精神，日積月累，成效甚易顯著也。

（二）對於觀察與實驗應特別注意

然科學之演進，實賴觀察與實驗，中學設備方面，近年來頗多購置，蓋科學不尚空談，徒明其理，而無真實之現象以資考證，則所得之知識，印象不深，不能堅其認識，然今之學子，雖有優美之設備，而忽視者尚多，試參觀實驗室時，必覺其能明瞭實驗之目的者，已屬少數，而旁徨失措，草率從事者，正不乏其人，徒聞喧擾之聲，如同茶室，此種不安定之情形，毋庸

图 1－4　《科学世界》第 1 卷第 1 期首篇科普文章：

张靖远《初学自然科学应行之途径》

（民国时期期刊全文数据库 1911—1949 收录）

在培养公众的科学文化理解能力方面，以科学的意义与科学的精神为面向的科普文章起到发覆其中意蕴的功能，围绕社员对于科技进步所需社会环境的认识主题展开论述，因为他们认为："科学的进步，一方面要靠少数聪明才智的努力，同时也有赖于社会环境的鼓励。我们活在科学落后的中国，很少享受到物质文明的赐予，深深感到非科学不足挽救当前的厄运。我们要藉科学救国，就应求自己科学的进步，栽培自己的科学人才，造成自己的科学环境。"①于是考察科技进步所需的社会环境成为《科学世界》的科普

① 近代科学专号（上）［J］．中华自然科学社编印．科学世界，1935，4（6）：504．

主题,从中西科学与工业设施比较切入论述科技知识的意义与精神,从西方科技知识造就的工业设施的发达论证中国实业科技化的落后,说明增进科技知识的社会意义所在。社员郑集的《观世界博览会后致科学世界读者》(第 2 卷 10 期)一文具有代表性,先是陈述 1933 年美国芝加哥世界博览会上所展现的科技知识造就的物质文明,包括工业、交通、农业、林业等方面的现代器物及其对于物质文明的功用,然后论及中国在这次博览会上的陈列展品相比显著落后,指出这完全是由于对于科技知识与实业之间的密切关系提倡不够所致,因此呼吁中国社会认清科技知识的社会意义在于实业的科技进步化①。

同时,《科学世界》还从西方发达的科学仪器生产与应用造就科研工作发展局面切入,论证中国科研工作水平落后的症结所在,指出科研工作事业的本质蕴涵。社员李国鼎的《伦敦科学仪器展览会志略》(第 4 卷 3 期)一文具有代表性,认为从英国物理学会每年 1 月份举办的科学仪器新品展览会来看,发展科研工作需要以完善的科学仪器制造工业体系作为基础,因此国内科学仪器不能自造正是中国科研工作落后的重要原因②。社员恺悌所撰《谈研究》一文则将工业设施与科学仪器加以联系,表明科研究工作事业一方面指向工业设施的进步,另一方面则来自科学仪器的设施性支撑作用,同时背后的科学精神的实质性蕴涵也需要注重,因为正是对于作为一种认识方法的科技知识的信仰支持科研工作事业得以运行③。

在培养公众的科学知识体系理解能力方面,以科学的方法为面向的科普文章起到发覆其中意蕴的功能,围绕科研工作方法生成科学知识的途径及其对于日常现象的解释功能展开论述,旨在将基本科学知识通过浅近文字与譬喻等科普方式普遍化到中国社会常识中,令中国社会中有关各种自然与人生生理现象的常识性认识走向理性化程度,最终也是为科技知识发展营造所需要的社会环境。这方面科普文章的论述基于各门自然科学学科

---

① 郑集.观世界博览会后致科学世界读者[J].中华自然科学社编印.科学世界,1933,2(10):742.
② 李国鼎.伦敦科学仪器展览会志略[J].中华自然科学社编印.科学世界,1935,4(3):263、265.
③ 恺悌.谈研究[J].中华自然科学社编印.科学世界,1935,4(9):825-832.

原理的常识化进路,包括数学、生物学、物理学、化学、地理与地质学、医药卫生科学、气象学、农学、环境学、天文学、心理学等。其中社员翁克康撰写的《日常科学琐谈》(第4卷4期)一文颇具代表性,他在文中写道:

> 世界各国,都尽全力地向人民灌输科学智识,但在我国要做这一步工作,困难得多。事实上一般人的头脑中对于"科学"的认识,太少根底。所以对于理论的部分无须去麻烦他们,只要拿近身所有的现象,变化,加以浅陋的譬喻,使他们的头脑中有相当科学的智识,那么才能谈到理论及计算上的问题。……以上所叙述的我们日常碰到事实的一部分,在化学及物理上就是原理的应用,这样尽量地举实际的例子,来引起一般人对于科学的兴趣,每一个标点,只须告诉他们它在科学上的重要和平日能看到的应用,同时要使他们有简明的概念,以作较高课程的准备和基础,简单的公式或化学方程式,有机会时也可随时写出;讲电流时可用水管来譬喻,讲铝属磷属则可从矾和洋火着手,总不使他们麻烦;当他们对于科学已生了趣味,在他的脑中时常会起对于一切事物怀疑的概念,那末他们现在亦很愿意去研究那些麻烦的方程式,和深奥的理论了①。

上述引文表明,中华自然科学社社员之所以撰写以科研工作方法为面向的科普文章,原因在于要通过自然科学知识背后的科学方法的运用来使得社会中常识性认识改变,形成藉由科学方法寻求事实性真理这一科学的精神,营造追求科技知识的社会文化环境。事实上他们所要加以理性化的不仅是物理化学等有关自然现象的常识性认识,也包括有关人生生理现象的常识性认识,社员雷肇唐撰写的《饥与渴》(第3卷2期与第3卷3期两期连载)一文可为代表。他指出,饥渴这一人类生理现象在20世纪得到生理学与心理学方面的科学方法研究,已经形成关于人类身体饥渴现象的生理学与心理学知识基础,在提供饥渴现象的事实性真理方面的科学原因同时,也彰显科学方法形成自然科学知识的途径,而相应的理性化意义则在于揭

---

① 翁克康.日常科学琐谈[J].中华自然科学社编印.科学世界,1935,4(4):352、354.

示传统常识性认识的似是而非属性,展现常识性认识的理性化道路之正确:

> 饥渴这种现象好像自明之事,值不得去研究的,可是关于这方面的
> 精细研究不独推翻了常识的谬见,如空胃说,也推翻了几种从观察得来
> 的结果所引出的学说。在这儿我们要知道研究一个问题难得达一止
> 境,即以饥饿这种很平常的现象,关于胃部收缩之来源,还未研究彻底,
> 这个问题未到最后的解决,这是我们青年治科学应当努力的地方①。

在培养公众的应用性科技知识运用能力方面,以科技知识的应用为面向的科普文章起到发覆其中意蕴的功能,从应用科学在中国相应领域具有的功用以及应用科学本身的实用功用出发,展现科技进步所带来的物质进步及所昭示的科学普及在中国社会的实用性效用,在科技知识的应用层面普及科学常识,提升中国社会科技知识应用水平。其中,一类科普文章旨在说明应用科学在中国相应领域具有的功用,从中国实际出发,提出现时代西方应用科学发展情形所带来的启示,典型者如社员谢息南和顾学裘联合撰文《汉药大黄之科学观》(第3卷3期),指出国外医药学界开展的中药材成分与药理的科学研究成就很大,并实现中药材有效成分的科学提取与化学制造,带给医药事业以实际效用,而中国医药学界现时关于中药材的科学研究成绩较为落后,作者因此择取中药材中最著名之大黄为案例,说明中药材的科学成分与药理,促进国内关于中药材的科学研究的关注②。另一类科普文章旨在说明应用科学本身的实用功用,从介绍相关应用科学知识出发,指出这些应用科学方向的科研工作成果本身的实用功用所在及推广到中国社会的意义所在,典型者如社员杜长明所写的《化学工程与民生问题》(第3卷1期)一文,先是介绍化学工程的科学运行情形及其广泛的应用功能,然后论及现时代民众日常衣食住行生活与化学工程之间的密切关系,最后提出化学工程对于中国社会民生问题的解决而言具有重要性,提出提倡发展化学

---

① 雷肇唐.饥与渴(续完)[J].中华自然科学社编印.科学世界,1934,3(3):361.
　关于本书这里所指出的这篇文章的论述概略,参见:雷肇唐.饥与渴[J].中华自然科学社编印.科学世界,1934,3(2).
　雷肇唐.饥与渴(续完)[J].中华自然科学社编印.科学世界,1934,3(3).
② 谢息南,顾学裘.汉药大黄之科学观[J].中华自然科学社编印.科学世界,1934,3(2):367.

工程是国内工业建设题中之义的命题,并将此上升到国家战略层面①。

中华自然科学社社员在按照编辑方针撰写科普文章的过程中,之所以能够在实践中发展出上述四个面向所构建的科普主题,根本原因还是在于他们从上述四个有关科技知识的命题出发,形成对于中国科技不发达的原因的认识,提出相应的科学普及取向,从而规制出这些科普主题。这是因为,范谦衷在《科学是什么》一文中不仅提出有关自然科学与应用科学的命题,而且紧接着提出"中国科学不发达的原因"命题,在思想与思维层面上指出四种原因,包括缺少科学方法、不重视作为事实性真理来源的实验、社会上非科学的人生态度与迷信的思维方式等,并提出开展科学普及的相应取向,作者称之为"科学运动应有的精神":

（1）应用科学方法于各种科学问题。（2）推广科学知识及应用到民间去。（3）研究科学要有脚踏实地埋头苦干的精神。（4）应用科学到各种社会生产方面。（5）纯粹科学与应用科学并重,分头研究并进。（6）破除妨碍科学进步的社会习惯和思想②。

从这些原因与科学普及取向的内涵与指向来看,它们与前述范谦衷提出的四个有关自然科学与应用科学的命题内涵具有因果关系,正是将上述四个命题内涵延伸到看待中国社会的结果。结合本书前述之科技工作者职业理念指向令社会理性化的社会功能的历史原因,也就是科学方法的集体主义原则使得科技知识被科技工作者应用于世俗性事务,将工具性专长这一现代性维度上的工具理性内涵附加到科技知识本身,在科技知识与现代性道德之间建立联系,表现为令社会理性化的社会功能体现科技知识自身的价值所在,那么可知《科学世界》科普主题有所指向,要求社员对于科技工作者职业的令社会理性化功能进行实践,事实上,这些科普主题源于范文中提出的四个有关科技知识的命题,而这四个命题展现的是科技知识本身的世俗性道德内涵:发挥科学知识的工具性专长。由于社员们实践科技工作

① 杜长明.化学工程与民生问题[J].中华自然科学社编印.科学世界,1934,3(1):120－121.
② 范谦衷.科学是什么[J].中华自然科学社编印.科学世界,1935,4(9):836－838.

者职业的令社会理性化功能,中华自然科学社因而适时演变为民国社会中的公共领域建制。

1.2.2 社团的公共领域制度建设

中华自然科学社社员郑集1943年发表《中华自然科学社之回顾》一文,记载《科学世界》的刊行对于社团社务活动形成的影响,表现为令社员通过撰写科普文章实践作为成立初衷的科技工作者职业理念,以此来推动社团进一步表达这一指导社务活动的理念:

> 讫民国二十一年社员人数增多,社基已固,我们乃开始向社会出动,去分担我们应尽之义务。最初我们创办了《科学世界》杂志,以之作为推动中国科学平民化运动的机轮。民国二十四年,本社八届年会,为了进一步表明本社旨趣,更决议以"平民精神为本社基本精神"。这个决议更坦白地向社会人士宣布我们在学术上努力的目标,是为大多数人谋幸福,同时更告诉国人欲争取我国之自由独立及改良民众之生活水准,亦非研究及普及科学知识不为功,数十年来,本社一切设施与活动,都遵照着这个目标在前进①。

证诸中华自然科学社社史,郑集文中所指的决议体现在社团第八届年会通过的年会宣言,名为《中华自然科学社第八届年会宣言》;经由年会新修定的社章,这一决议对于社团后来社务活动起到规制作用则,体现在《中华自然科学社社章(第八届年会修订)》的条文中。可以说,《科学世界》的刊行影响及于中华自然科学社表达社务理念的意识,以及为实现这种社务理念而展开建立相应的社务活动运行机制。从本书遵循的学理来看,业缘化的科学社团是公共领域的中国本土化形态,而公共领域的中国本土化形态旨在阐明理性化的社会公共事务的目标与意义,这说明上述1932—1935年期间《科学世界》的刊行影响的表象有其学理实质,可被视为标志中华自然科学社由业缘化的科学社团发展成为公共领域建制,通过表达社务理念与

---

① 郑集.中华自然科学社之回顾[C].郑集.郑集科学文选.南京:南京大学出版社,1993:251.

规制社务活动运行机制,阐明作为理性化的社会公共事务之发挥科学知识的工具性专长的目标与意义,也就是中华自然科学社第八届年会决议内容展现的科学大众化道路目标与意义,凸显发挥科技知识的令社会理性化功能的社会运行机制建设情形。本书认为,这表征中华自然科学社的公共领域建制化。

1.2.2.1 第八届年会宣言阐发理性化的社会公共事务意蕴

第八届年会宣言形成于 1935 年 7 月 21—22 日,当时中华自然科学社在南京中央农业实验所举行第八届年会,全体社员在年会上共同认识到在从事科技工作者职业所肩负的科学救国责任,因此藉由第八届年会宣言形式向社会表达这种责任意识,也就是社团开展科学普及活动的社务理念,以引起国内社会共同意识到社团走科学大众化道路之于科学救国的意义所在,这就是第八届年会宣言的开端与结尾部分所表达的要旨:

> 科学是近代文化的重心,支配了全人类的生活。失了科学辅育的中国民族,在近几十年来,也渐渐知道科学的重要,自动地向科学下功夫了。自从晚清的士大夫,慑于帝国主义者的科学利器,主张中学为体西学为用,派遣留学生出国留学。民初以来回国学生相率做点介绍和研究工作。直到九一八以后,一班科学青年,感于科学之不普及而从事科学运动。在普及科学的呼声中,本社首先发起做了一点初步的工作。

> 我们深深地感到中国科学之不发达,固然是由于政治的纷扰,经济的恐慌,而主要的原因,还是由于主持学术的人和一班科学者对于环境和时代没有深切的认识;对于科学的发展,没有整个的打算。所以虽然讲提倡科学已有几十年,终久不看见有长足的进步,我们如果真想用科学来救中国,科学界的人就应当取一致的行动,作通盘的筹划,换言之,就是要形成一种强有力的科学运动。

> 时代昭示着我们,社会正朝着平民化的路上走,人们一切的行动,一切的设施,都应为大众设想。就科学说,人人应有学习科学的机会,享受科学的利益,科学的恩惠应当普及到全人类,全民众。科学者不要再如从前一样,不管科学在社会上的运用,结果致为少数人做工具造福

利。再回头看看中国的情形因为几千年中国人所研究所提倡的是种离开事实的玄学,支配社会的也是一套迷信的法术,国人为迷信所浸染所陷害,饱受天灾人祸而不能自拔。中国的科学者应全体动员,首先去冲破这种迷信的屏障,使大众受着科学的熏陶。我们认清了这几点,所以确定平民精神为本社的基本精神,根据这种精神来进行科学运动。

……

当此国难紧急的关头,本社举行第八届年会,全体同人感到责任非常重大和自身能力的有限,谨此宣述实情和怀抱,希望社会人士予以指导和赞助①。

社团之所以在1935年第八届年会上提出这一宣言,原因在于到1935年时,近代以来形成的科学救国思潮已成为中国社会大多数人认同的救国思想和主张,显明地表现为1935年2月16日北平《实事白话报》刊载《科学救国大鼓书》,经由大众文学体裁之大鼓书形式,分析近代以来中国积贫积弱的根源在于缺乏科技知识,认为唯有发展科技教育、提高中国社会的科技知识应用水平,方能实现救国②。朱华对此现象指出,《科学救国大鼓书》的出现是科学救国思潮在中国社会与民众实现互动的佐证,大鼓书"这种民间戏曲的方式传播面广,通俗易懂,极大地促进了科学救国思潮的发展,有力地彰显了近代的科学救国思潮,表明其已经从理论走向实践、从少数人的主张发展到多数人能接受和认同的一种救国思想和主张……鲜明地表达了国人对科学救国主张的赞同与提倡,也从侧面反映了科学救国主张宣传面的延伸。这在科学救国思潮的发展历程上是一次飞跃,表明了科学救国思潮从萌芽产生、发展的渐进过程中,国人对其思想的认同、接受与积极宣传的深化"③。因此,第八届年会宣言可被视为是提倡科学救国主张的中国科技工作者群体的一种回应,旨在从科技工作者职业理念所延伸出的科学救国责

---

① 中华自然科学社第八届年会宣言[J].中华自然科学社编印.科学世界,1935,4(8):727-728.

② 科学救国大鼓书[N].实事白话报,1935年2月16日.转引自:朱华.近代科学救国思潮研究[D].北京师范大学历史学专业博士学位论文,2006:102.

③ 朱华.近代科学救国思潮研究[D].北京师范大学历史学专业博士学位论文,2006:101、102.

任意识出发,对于科学救国思潮形成社会氛围这一事实予以正向回应,其实也是科学救国思潮在中国社会与民众实现互动的佐证。

从科技工作者职业理念出发形成的科学救国责任意识具有学理意义,表征的是科技工作者职业形成后兴起的科技工作者的社会责任,因为"科学家社会职业形成以来,科学家不再是一个社会的局外人,他们的科学研究更多地和社会其他过程紧密地结合起来了。他们不再被允许沉溺于他自己个人的嗜好,随心所欲地随自己意志行事。在广泛的社会活动中,科学家作为一个专家、顾问、发明家甚至还是决策者,已经成为一个中心人物了。……如果把科学放到社会的环境中,考虑科学家在社会中身份的多重性,科学家的行为规范应该增加一条:有责任性,即有责任去思考、预测、评估他们所生产的科学知识的可能的社会后果"①。这表明科技工作者的社会责任来自他所承担的社会角色,这一点令源出科技工作者职业的科技工作者的社会责任发挥承担社会角色功能,赋予人类社会以具有特定伦理价值倾向性的利益关系,例如优生学对于人类社会发展所带来的伦理价值影响,生成与职责相关的道德责任意涵②,杜鹏就已指出:"道德责任是由社会规定的人们的利益关系所决定的,相关责任主体并不是孤立存在于社会关系之外而是存在于社会关系之中,并以这样那样的方式对人们的利益产生不同程度的影响,这种利益关系要求相关主体履行和承担相应的责任。责任是知识和力量的函数,在任何一个社会中,总有一部分人,例如医生、律师、科学家、工程师或统治者,由于他们掌握了知识或特殊的权力,他们的行为会对他人、对社会、对自然界带来比其他人更大的影响,因此他们应负更多的伦理责任,需要有特殊的行规来约束其行为。"③那么从本质上来讲,科学救国责任也是从属于科技工作者的社会责任所指向的道德责任。

从实现科技工作者职业的令社会理性化功能出发,科学救国责任蕴涵

---

① 叶继红.“科学家”职业的演变过程及其社会责任[J].自然辩证法研究,2000(12):49.
② 杜鹏.关于科学的社会责任[J].科学与社会,2011(1):119.
　　李醒民.科学家的道德责任:限度与困境[J].学术研究,2012(1):1-2.
③ 杜鹏.关于科学的社会责任[J].科学与社会,2011(1):119.

的道德责任意蕴则是现代性带给现代社会的工具理性伦理,正如汪晖所指出的,科学知识、科学方法、科学精神等科学概念的流行有着深刻的社会与文化动力,表征科技工作的运用过程密切联系现代社会的其他进程,起着为其他社会进程塑造结构性规范的作用。究其原因,科学方法在现代社会中具有普遍性运用意义,被认为是在形式与内容方面检验一切事物的方法与标准,使得现代思想走向对于整个经验领域重新进行运行机制与意义方面的整体解释,形成来自科学方法的科学知识成为适应这种走向要求的系统性知识整体,通过特定的范畴为现代社会所需的全部知识领域建立客观的认知规则,令关于科技知识的实践本身成为为现代社会运行提供意义指向的行为,现代社会的其他领域则必须按照科研工作模式来重新构造相应的进程,其中隐含的是现代社会对于科技知识与文明之间关系的理解,即"科学的发展模式也应该是文明进步的模式,科学研究的理性化模式也是社会发展的理性化目标"①。

从这一点出发,作为从科技工作者职业理念出发所形成的科学救国责任意识的具体展现,中华自然科学社开展科学普及活动的社务理念指向明确,旨在将科研工作的理性化模式转化为社会发展的理性化目标,体现在第八届年会宣言提出的社务计划,作为走科学大众化道路以实现科学救国目标的具体途径,包括科学普及、科学应用与科学研究等活动:

> 为达到科学平民化的目的,特拟定了下列几种工作目标,从目标中可以看出我们不仅注意科学的普及和研求,同时勉力于科学企业的发展。
>
> (第一)普及科学知识:要使国家的科学发达,首当谋科学的普及;要使民众的生活改善,首当使民众的知识提高。近四年来,本社发行科学世界(通俗科学刊物);举行通俗科学讲演;编纂中学教科书籍,联络中小学理科教师谋改良科学教育。现在又着手编纂通俗科学小丛书,

---

① 汪晖.中国思想的兴起·下卷第二部·科学话语共同体[M].北京:生活·读书·新知三联书店,2004:1124.本书这里所引的汪晖的论述,参见:汪晖.中国思想的兴起·下卷第二部·科学话语共同体[M].北京:生活·读书·新知三联书店,2004:1109 – 1205.

制造生物标本,进行设立玄武湖自然博物馆。处处都显示普及科学工作的需要,有待于我们努力的地方很多。

(第二)应用科学发展生产:中国的经济恐慌,由于生产方法的落后。改进生产方法,正当利用科学。本社对于中国农业方面,业已取得全国各农业专校各农业机关人士的联络。并已拟定初步的计划。在计划中特别注意农业技术,农业教育,农业计划及行政等方面人才的培植;农业机械的利用和推广;农村的合理组织;以及农民生活的改善和知识的提高。在工业方面,早有工艺研究所创社的刍议,很愿研究一些目前中国在工业上需要最迫切的问题。其次是从事调查全国的工业和资源。关于全国陶瓷工业,快由本社社员调查完竣。现在又着手组织调查团,准备首先调查江苏和四川两省的物产。至于医药卫生事业,因与生产力有直接的影响,更与民族的存亡有密切的关系,也是我们所时刻关怀,正在努力的一个途径。其中对于公共卫生的推行,与中国药物的研究和利用,已经下了不少的功夫。中国的科学,自然是整个的落后,而内地各省更属可怜,在本社科学事业的计划中,目前只能偏重内地的发展。所以鼓励社员往内地服务,将来的建设也预备先在内地着手。

(第三)从事科学研究:要有高深的研究,才能解决难题,才能在致用上发生大的效力。本社社员在国内外各大学各研究所从事研究和领导研究的颇不乏人,都能体念国步艰难,刻苦工作。研究的题材,切于民生实用。关于研究的计划,也将选择在科学幼稚的内地先行创立。务使科学的空气和机会平均分布于全国①。

根据美国中国学学者萧邦齐(Robert Keith Schoppa)对于 20 世纪前半期中国社会公共事务的界定,维系一种事务成为公共事务的社会机制在于责任下移,也就是由政府来负责的事务转移到由社会自发形成的组织或者团

---

① 中华自然科学社第八届年会宣言[J].中华自然科学社编印.科学世界,1935,4(8):727-728.

体来负责①。由此来看第八届年会宣言所陈述的中华自然科学社社员的科学救国责任,那么这种责任表明,开展普及、应用与研究科技知识的活动由社员的科学救国责任所维系,在 20 世纪前半期的中国社会语境中来看,这表明科研工作本身已经成为一种公共事务。由于科学救国责任指向经由科研工作的理性化模式引导社会发展的理性化方向,所以发挥科学知识的工具性专长可被视为是一种理性化的社会公共事务。

第八届年会并且修订社章,构建若干承载科研工作这种理性化的社会公共事务运行的制度架构,这规制发挥科学知识的工具性专长作为理性化的社会公共事务运行机制,构建出发挥科学知识的工具性专长这种理性化的社会事务的制度性运行空间,令中华自然科学社发展为民国社会的公共领域建制。

1.2.2.2　新修订社章规制发挥科学知识的工具性专长运行机制

第八届年会修订中华自然科学社社章源于当时国内社会团体规范化发展背景,是社团实践中国国民党制定的《文化团体组织大纲》中相关原则性要求的结果,使得社员形成发挥科学知识的工具性专长作为一种理性化的社会公共事务认识,对接社团成立以来的组织形态变迁态势,规制这种态势朝向承载发挥科学知识的工具性专长的制度性运行空间方向发展。

首先需要说明的是,中国国民党于 1930 和 1931 年通过《文化团体组织大纲》与相应的施行细则,规定该大纲所旨在指导规范的文化团体有具体指向,就是旨在通过增进学术与教育、改良风俗与习惯以促进社会进步的社会团体,并且这些社会团体必须按照组织大纲的原则性规定制定章程,呈请所在地高级党部核准。而原则性规定主要包括四项要旨,分别是名称与组织之宗旨相符;社员入社符合大纲相应规定且负担社务经费;按照团体性质规

---

① 杨念群.近代中国研究中的"市民社会"——方法及限度[C].邓正来主编.国家与市民社会:中国视角.上海:上海人民出版社,2011:23.

定组织方式;社务活动须促进社会公共利益之发展①。

根据中华自然科学社社史,社团遵照上述规定于 1933 年 4 月 8 日在南京特别市党部备案,说明备案时附呈的社章本身的结构与内容符合上述四项原则性规定,而这四项原则性规定也就顺延成为社团于 1935 年修订社章时须遵守的原则②。这提供了前提,使得这次修订的社章能够规制一种运行机制,承载发挥科学知识的工具性专长作为理性化的社会公共事务的作用,并且反映社员这时形成的认识:在作为一种理性化的社会公共事务的前提下,发挥科学知识的工具性专长;而且要建立能够实现这种作用之发挥的组织形态。

在反映发挥科学知识的工具性专长的认识方面,新修订社章在定名、宗旨、社员、社员权利及义务、社费、社务部分予以规定,对应于上述三项原则性规定,分别是名称与组织之宗旨相符;社员入社符合大纲相应规定且负担社务经费;社务活动须促进社会公共利益之发展。其中定名与宗旨部分的规定一致:中华自然科学社以研究及增进科技知识为宗旨;社员、社员权利及义务部分与社费等部分的规定相关:社员包括赞成社团宗旨的科技工作

① 文化团体组织大纲(1930 年 1 月 23 日)[Z].中国第二历史档案馆编.中华民国史档案资料汇编·第 5 辑第 1 编·文化分册(二).南京:江苏古籍出版社,1994:726.
文化团体组织大纲施行细则(1931 年 2 月 23 日)[Z].中国第二历史档案馆编.中华民国史档案资料汇编·第 5 辑第 1 编·文化分册(二).南京:江苏古籍出版社,1994:727.

② 本书作者在 2014 年前往南京中国第二历史档案馆,在所开放的中国国民党中央社会部档案中,找到有关抗战期间中华自然科学社向中央社会部报告社务的文书,其中一份题为《遵令报告本社社务状况》,由中华自然科学社社长杜长明署名,于 1938 年 9 月 12 日发文给中央社会部,中央社会部于 1938 年 9 月 15 日收文,其中提到中华自然科学社在 1933 年 4 月 8 日在南京特别市党部备案一节。结合上述《文化团体组织大纲》及其施行细则,可知中华自然科学社备案时应附呈符合大纲与施行细则所要求的原则的社章文本,可惜截至本书写作时,本书作者并没有在收藏有中华自然科学社相关档案与文献资料的文化机关,包括中国第二历史档案馆、南京市档案馆与南京图书馆等,找到这一社章文本,而现有的社章只有《中国科学技术团体》一书记载的 1935 年第八届年会修订文本,以及 1938 年 11 月 13 日中华自然科学社总社迁到重庆时新修订文本。这两个文本的结构与内容均符合上述四项原则性规定。因此本书这里推测认为,1933 年备案时附呈的社章本身的结构与内容符合上述四项原则性规定。参见:中央社会部 1938 年 9 月 15 日收到的中华自然科学社报告社务状况档案.
中央社会部 1939 年 5 月 22 日发往教育部的关于中华自然科学社核准备案情形公文档案[R].南京:中国第二历史档案馆,11.7133.中华自然科学社章程(第八届年会修订)[C].
何志平,尹恭成,张小梅主编.中国科学技术团体.上海:上海科学普及出版社,1990:155-159.

者职业工作者与赞助社团社务活动者,具有参与社务活动、利用包括社团出版物与各种设备在内的社务成果的权利,以及从事与发展包括社章规定的缴纳社费在内的社务活动的义务;社务部分则规定:社团社务活动包括八种,归纳而言就是一方面开展科学普及活动,包括科学讲演、刊行科普刊物与科学著作等,另一方面开展科学应用活动,包括科学调查、改良中小学理科教育、研究与解决国内公私机关委托的科学问题,同时发展科学研究,包括设立科学图书馆、科学博物馆与科研工作机构,以促进科研工作本身的进展①。

结合前述中华自然科学社社员从科技工作者职业理念出发,在 30 年代初意识到要在当时的中国通过增进科技知识实现科学救国责任,真正可行的途径在于开展科学普及活动,也就是通过应用科技知识于中国社会营造有利于科学发展的社会环境,新修订社章的上述部分之规定也是这一认识的体现,其中的逻辑在于,为实现研究及发展自然科学的宗旨,从事科学普及与科学应用活动同开展科研工作本身一样重要,这是作为社员必须有此认识且参与其中予以实践的责任。由此而论,社员关于发挥科学知识的工具性专长是一种理性化的社会公共事务认识实质:经由科研工作的理性化模式引导社会发展的理性化方向的科学救国责任意识。

在反映社团要建构相应的组织形态的认识方面,新修订社章主要在年会、社务会与学组部分予以规定,对应于按照团体性质规定组织方式这一原则性规定,赋予年会、社务会与学组等社团成立以来次第发展的组织形态以明确的功能,也就是形成各种社内制度,建设表征社团各项社务活动持续运行的运行机制。

从社史来看,社务会、年会与学组部分的上述建制均非第八届年会所单独设置的组织形态,而是社团成立以来在组织形态方面的持续探索的结果,表现为以年会为纽带陆续设置了社务会与学组等组织。先是年会在社团成

---

① 中华自然科学社章程(第八届年会修订)[C].何志平,尹恭成,张小梅主编.中国科学技术团体.上海:上海科学普及出版社,1990;155 - 156.

立第二年的 1928 年即已召开,除一直展开社员间的专业性科学交流活动,还决议社务的推展:在 1928 年时决议更改社名并成立学艺部,下设若干适应现代科技知识分科体系中专业性科技知识交流活动的学组,并在 1931 年之前次第扩充到九个学组,包括数学、物理、化学、地学、生物、心理、农业、工业与医学等;1932 年时决议刊发《科学世界》;1933 年时决议成立出版委员会;1934 年时决议修改内部组织,实现 1932 年《科学世界》刊行时即已主持社务活动的社务会组织功能细化,分出总务部、研究部与推广部等三部,并在推广部之下设立若干发挥特定功能的组织,包括《科学世界》编辑委员会、中学教科书编纂委员会、讲演股以及发行股等,负责管理科普刊物、理科基础教育教本的编辑与发行以及科学讲演等社务;1935 年第八届年会时决议在研究部之下成立调查股与图书股,辅助科学研究事业,同时成立学组,负责联络同组中具有相同学科背景的社员共同计划以本学科为范围的社务活动,成为开展包括科学普及、科技知识应用与科研工作在内的社务活动的次一级组织①。

这些组织形态方面的革新在社章中实现了与功能分化之间的制度性关联,使得在中华自然科学社的社务活动实践中,有关发挥科学知识的工具性专长这一理性化的社会公共事务的运行机制形成,表现为社章在年会部分规定:年会为社团每年举行的全体社员大会,议程包括学术与社务两部分,分别对应于展开社员之间的专业性科学交流活动,以及决定社团社务事项。在社务会部分规定:社务会下设总务、研究与推广三部,职权主要在于实行社团计划,包括由总务部司理文书、事务与会计事项,研究部司理研究事项,推广部司理科学普及与科技知识应用事业。在学组部分规定:学组乃社务会为发展各门科学学科事业而设立的社内学术组织,按照现代科学分科体

---

① 本社概况(1927 年 9 月—1935 年 7 月)[J]. 中华自然科学社编印. 科学世界,1935,4(8):819 – 820.

系相应设立,开展本学科内与社务宗旨相符的社务活动①。

经由新修订社章规制,中华自然科学社组织形态发挥着运行理性化的社会事务运行机制的功能。作为围绕科技工作者职业的出现而形成的业缘化社会组织,中华自然科学社在发挥科技工作者职业的业缘化动员功能过程中,令民国科技工作者群体通过发挥科学知识的工具性专长,参与到理性化的社会公共事务中,标志社团到 1935 年时完成公共领域建制化过程。这就为社团将理性主义的意识形态作为公共利益提供建制性前提,引领社员走向围绕科技工作者职业开展职业伦理探索道路。

图 1-5　中华自然科学社第六届年会(1933 年 7 月 2 日)南京·中央大学

(民国时期期刊全文数据库 1911—1949 收录)

①　中华自然科学社章程(第八届年会修订)[C].何志平,尹恭成,张小梅主编.中国科学技术团体.上海:上海科学普及出版社,1990:157-159.注:事实上中华自然科学社的组织形态探索及其在社章中的固定化历程还有更多的内容,包括成立分社、社友会、社友区以及董事会等,只是对于社团围绕科学这种理性化的社会公共事务而开展社务活动而言,这些组织形态及其经由社章而实现运行机制化的事实所发挥的功能并不显明,因此不在这里列出,但是在后文所涉及之处会进行相应的社史方面的交代。

图 1 - 6　中华自然科学社第七届年会(1934 年 7 月 21 日)南京·华侨招待所

(民国时期期刊全文数据库 1911—1949 收录)

1.3　社团的社会功能的确立与责任伦理的初现

第八届年会宣言最后部分还曾提到,为实现社务计划,中华自然科学社社员共同认识到:现代社会对于科技知识发展与文明进化关系的理解要旨在于,将科研工作的理性化模式转化为社会发展的理性化目标。也就是说,在中华自然科学社社员看来,作为一种理性化的社会公共事务之社会事实,发挥科学知识的工具性专长最终指向理性主义的意识形态:

科学的发展,固有赖于科学者朝着正当的方向努力,同时也当与社会发生密切的关系,取得密切的联络。一方面使社会人士对于科学和科学者有明确的了解;一方面使科学的力量能普遍的达于全社会。因此愿将本社所取的态度,作一番坦白的陈述。我们所勉力修养的第一种态度是负责的态度。我们既愿忠实于科学,也当忠实于社会;对社会抱合作的热忱,不敢辜负社会的期望。社会对我们有什么使命,只要是力之所及,决不推诿,决不敷衍。第二种态度是大公的态度。我们认识社会是整个的有机体,不应分门户生界限,凡是思想和行为值得我们的同情或是与我们一致的,都愿取得密切的联络,发生友谊的互助。始终

抱定和衷共济的决心,本着廓然大公的胸怀,与社会开诚相见。决不让
人事的纷扰,妨碍事业的进行;决不因私自的方便,有伤整个的大局①。

他们之所以形成这一认识,在学理上来说是因为他们从科技工作者职
业理念出发,认识到作为一种理性化的社会公共事务,发挥科学知识的工具
性专长之社会事实最终有所指向,旨在将科研工作的理性化模式转化为社
会发展的理性化目标,结合本书绪论所论之科研工作作为一种职业的理念
围绕社会的现代性事实而形成,可被视为表现科技工作者建立起对于科学
理论转化为社会实践的真实性的信仰,体现对于现代性事实起到规定性作
用的理性主义的意识形态。

根据中华自然科学社史,社员所明确表达的理性主义的意识形态从
1936年开始得到贯彻与实践,表现为他们开始探索科技知识的有效运用途
径,从科技工作者职业理念出发,意识到中国科技工作者的社会责任在于实
现民众的科学训练。先是通过社务会运行机制,以1936年第5卷的具有鲜
明时代主题的《科学世界》作为载体,社员由此表达他们的理性主义的意识
形态认识,作为社员义务的体现;经由1936年6月的第九届年会运行机制,
社团开启探索科技知识的有效运用途径进程,表征旨在发挥的社会功能,使
得理性主义的意识形态实现社会功能化,成为作为民国社会的公共领域建
制所表达的符合社会理性化趋势的公共利益;在理性主义的意识形态对于
科技工作者职业内在的结构性内涵的维系功能基础上,也就是在发挥规定
理性知识及其实践之间的制度性联系功能基础上,通过1936年12月至
1937年6月发行的《科学世界·战时科学专号》,对于科技知识的有效运用
途径的探索演绎为关于科技工作者职业伦理规范,表征中华自然科学社成
为公共领域建制后,相应的理性主义的意识形态公共利益化进程与责任伦
理生成之间的历史联系。

1.3.1 科学理论向实践转化的社会功能之确立

1935年第4卷第12期《科学世界》发表《明年的科学世界》一文,指出

---

① 中华自然科学社第八届年会宣言[J].中华自然科学社编印.科学世界,1935,4(8):728.

1936 年第 5 卷《科学世界》的刊行要旨在于:实现"浅显新颖,深入民间"的科普效果,以更为符合该刊的投稿简则①,也就是 1932 年第 1 卷第 2 期发表的投稿简则:"来稿内容以自然科学及其相关之应用科学为限,且内容务以浅显通俗为原则。"该刊为此按照内容通俗、实用与有趣的原则进行编辑方针方面的重新规划,绝对摒弃深拗与专深的文章,刊载通俗与实用的文章。②结合本书绪论所论及的专业化知识的有效运用意涵在于形成弥漫性权力影响,表现为使得专业化知识对于所维系的社会活动具有垄断型控制影响,对于作为专业化知识的科技知识来说,围绕科技知识所维系的社会理性化活动,1936 年第 5 卷《科学世界》编辑方针旨在探索科技知识的有效运用途径,因为该编辑方针提出的通俗与实用的编辑方针,事实上正是中华自然科学社社员表达的理性主义的意识形态内涵的具体化:一方面使社会人士对于科技知识和科技工作者有明确的了解;一方面使科技知识应用的力量能普遍的达于全社会。

从中华自然科学社的公共领域建制属性来看,理性主义的意识形态在 1936 年第 5 卷《科学世界》得到具体展现,体现出公共领域建制属性的规制性作用,既是社务会运行机制的表现,同时也涉及年会运行机制,因为通过 1936 年 6 月召开的第九届年会这一公共领域建制运行机制,理性主义的意识形态实现社会功能化。

1.3.1.1　社务会运行机制与理性主义的意识形态成为公共利益

经由社务会运行机制,1936 年第 5 卷《科学世界》提出的通俗与实用的编辑方针演绎成为社员义务,使得社员通过投稿《科学世界》表达理性主义的意识形态具有了公共领域意涵,对于发挥科学知识的工具性专长这一理性化的社会公共事务而言,其中展现的社会事实最终指向理性主义的意识形态,作为中华自然科学社这一公共领域所要表达的公共利益发挥作用。这可从第 5 卷第 1 期《科学世界》刊行的本刊启事来说明。

①　明年的科学世界[J].中华自然科学社编印.科学世界,1935,4(12):1139 – 1140.
②　明年的科学世界[J].中华自然科学社编印.科学世界,1935,4(12):1139 – 1140.

第 5 卷第 1 期的本刊启事以中华自然科学社发行股名义发表,指出:"本刊刊行已满四年,以大众为对象,内容力求通俗,实用而有趣,除普通科学外,并注重农工医新知之介绍,均以生活为中心,尤宜人手一篇,中学生尤不可缺。"①根据前述中华自然科学社的公共领域建制化情形,社务会推广部下设发行股,管理包括《科学世界》在内的中华自然科学社出版发行事宜;同时由于社务会负责实行社团计划,是年会社务决议的执行机构,在年会闭会期间主持社务活动,所以社务会发行股的上述启事就具有公共领域建制意蕴,展现对于社员具有从事与发展由社务会主持的社务活动之义务的规定性作用。具体来说,上述启事虽然是对社会大众说明《科学世界》的订阅价值,但是结合 1936 年第 5 卷《科学世界》的编辑方针来看,则是对于这一编辑方针所秉持的通俗与实用的刊文原则的实质性说明,表明 1936 年第 5 卷《科学世界》的编辑注重以中国社会日常生活科学化为目的,在常识的层面上,介绍具有相关性的农业、工业、医学等应用科学方面的新知,可被视为具体展现中华自然科学社社员表达的理性主义的意识形态,这样理性主义的意识形态就成为社员须实践的义务性规定,由于社务会运行机制加于社员的这一义务旨在通过期刊发挥表达功能,表达作为社会理性化之表征的社会科技化理念,体现科研工作本身所追求的社会理性化利益,也就是公共领域所要表达的社会理性化的公共利益,因此本刊启事指向的是作为公共领域建制的中华自然科学社的公共利益之表达,这就是说,理性主义的意识形态成为中华自然科学社所要表达的公共利益。

综观第 5 卷《科学世界》,编辑方针引导各篇文字围绕中国科学家的社会责任展开论述,以实现民众的科学训练为目标,作为社团所要表达的理性主义的意识形态的具体化呈现,其中《医药专号》(第 5 卷 9 期)做出了明白的说明与示例。

《医药专号》的刊行既是对于中华自然科学社第七届年会决定的实践,

---

① 中华自然科学社发行股谨启.特价订阅本刊启事[J].中华自然科学社编印.科学世界,1936,5
(1).

因为该届年会上社员形成共同性认识,认为要实现科学救国就必须增进科技知识,而普及科学造成有利于科技知识应用的社会环境则为其中的前提条件,因此年会决定《科学世界》每年出一期以介绍最近科研工作发展情形为主题的专号①;同时也是对于 1936 年《科学世界》编辑方针实践的反映,从卷首通论栏目发表顾学箕的《我们对于科学的医学应有的认识》可说明。

这篇文章指出这一专号的刊行源于《科学世界》编辑部认识到,20 世纪以来世界范围内的社会科技化趋势表明,科研工作的模式已经造就社会发展趋向理性化的目标,因此民众的科技知识应用化训练对于中国的现代化建设十分重要且迫切,而实现中国医学科学化并且使得民众在科学化医学方面接受训练则更为必要,因为中医尚未实现科学化阻碍科学化的西医的发展与普及,影响中华民族在世界民族之林中的生存竞争能力,所以负有保持民族健康责任的科学化医学必须要发展,需要国内民众形成对于科学化医学的正确认识,赋予实现科学化医学发展的前提条件,因此本专号的刊行符合时代需要②。事实上,《医药专号》中的文章均是从这一认识出发,将现代医药学知识以及有关中医理论与中药品种的科学知识进行常识性论述,旨在实现有关科学化医学的正确认识在国内民众中间的推广与应用③。可知实现民众的科技知识训练成为中华自然科学社社员所意识到的社会责任,通过《科学世界》刊物来予以表达,指向科技知识的有效运用这一理性主义的意识形态的实质内涵,表征的是理性主义的意识形态成为中华自然科学社所表达的公共利益这一事实。

1.3.1.2 第九届年会与理性主义的意识形态成为社会功能

理性主义的意识形态以科技知识的有效运用为内涵,指向的是深入民间的科普效果,这在 1936 年 6 月 27—28 日于南京召开的中华自然科学社第九届年会得到反映,具体来说,这届年会决定制定"以科学贡献于国家民众

---

① 近代科学专号(上)・小引[J].中华自然科学社编印.科学世界,1935,4(6):504.

② 顾学箕.我们对于科学的医学应有的认识[J].中华自然科学社编印.科学世界,1936,5(9):741
  –747.

③ 科学世界・医药专号.中华自然科学社编印.科学世界,1936,5(9).

之实施方案",经由中华自然科学社年会运行机制,使得理性主义的意识形态从社团所表达的公共利益明确转化为要实现的社会功能。这从本届年会会议情形与"以科学贡献于国家民众之实施方案"内容可见。

第九届年会在社务部分除由社务会报告第八届年会以来的社务概况,包括总社与部分分社以及社友会的社务情形,并讨论今后一年的社务计划的提案。根据社团社史记录,年会中社员提交大会相应提案,主旨在于讨论"以科学贡献于国家民众之实施方案",形成关于制定这一实施方案的决议,推定实施方案设计委员七人,包括社员朱季青、杜长明、朱炳海、杨浪明、沈其益、郑集、高行健等。事实上第5卷《科学世界》的刊行本身正是第九届年会决议的历史基础,因为第九届年会的社务讨论旨在令中华自然科学社实现特定的社会功能,旨在"谋科学对于国家之切实贡献",①其中"切实"两字道出科技知识的有效运用这一理性主义的意识形态的具体内涵,其实在当时社员看来,"谋科学对于国家之切实贡献"的社会功能已经有所呈现,表现在《科学世界》的刊行所取得的以往成绩方面,例如《新北辰》(1936年2卷8期)发表《中华自然科学社第九届年会》一文,指出第5卷《科学世界》中的若干专号,例如《儿童专号》(第5卷1期)与《升学指导专号》(第5卷6期),通过体察中国社会各方面对于科技知识的现时需要,实现科技知识的有效运用,呈现具体化的理性主义的意识形态②。换言之,对于作为公共领域建制的中华自然科学社而言,通过第九届年会这一公共领域建制运行机制,理性主义的意识形态这一公共利益成为所要实现的社会功能。

而对于理性主义的意识形态这一社会功能的具体内涵,作为"以科学贡献于国家民众之实施方案"设计委员的郑集在《科学世界》撰文,进行了专门性阐述。他在《科学世界》(第5卷10、11期合刊)发表题为《科学到民间去》一文,指出正是由于科技知识对于近代以来的中国无切实贡献,也就是没有实现科技知识对于中国社会各方面之时代需要而言的有效运用,现时代的

---

① 消息:中华自然科学社第九届年会[J].《新北辰》杂志社编辑.新北辰,1936,2(7):753-754.
消息:中华自然科学社第九届年会[J].《新北辰》杂志社编辑.新北辰,1936,2(8):849-850.
② 消息:中华自然科学社第九届年会[J].《新北辰》杂志社编辑.新北辰,1936,2(8):849-850.

中国正遭遇中华民族复兴之障碍,其中的原因则在于我国科技工作者没有将科技知识下移到社会科技化层面,致使科学对于中国的国计民生没有产生有益的影响,因此要实现科学对于中国有切实贡献,必须要呼吁中国科技工作者在从事科研工作基础上将科技知识送到民间,具体途径在于调查与研究中国社会各个领域之不科学的方面,然后设法予以科技知识上的改进,在实现中国社会运行科技知识化基础上实现中华民族复兴[①]。这篇文章发表在《科学世界》的通论栏目中,以"我们"这一第一人称来论述,考虑到通论栏目经常发表代表中华自然科学社立场的文章,而且通论栏目中的文章通常运用"我们"指代中华自然科学社或社务组织机构,例如前述之顾学箕的《我们对于科学的医学应有的认识》,因此,这篇文章可被视为是参与到上述实施方案设计的社员郑集代表设计委员会发声,指出他们所设计的实施方案所要实现的社会功能要旨,也就是理性主义的意识形态作为中华自然科学社所要实现的社会功能之内容。进一步来说,本书通篇还表达呼吁中国科技工作者群体承担实现社会科技化社会责任主张,并说明中华自然科学社社员将贯彻与实践这一主张,这就令理性主义的意识形态开始对于社员的社会角色意识发挥规制性作用,使得他们的社会角色意识转向规制职业科技工作者进行职业伦理方面的探索。

1.3.2 社员的社会角色意识转向责任伦理

从中华自然科学社社史来看,理性主义的意识形态成为社团社会功能具有重要意义,使得发挥科学知识的工具性专长的历史意蕴转向,从规制社员形成从职业理念出发所认识到的科技工作者的社会角色意识,转向令社员认识到科研工作作为一种职业所具有的结构性内涵,这就是理性知识与实践之间所具有的结构性制度联系,指向科技知识与发挥科技知识的工具性专长所表征的实践之间的制度性结构,表现为他们开始通过《科学世界》,表达与实践作为中华自然科学社社员所具有的义务,从所认知的中国社会

---

① 郑集.科学到民间去[J].中华自然科学社编印.科学世界,1936,5(9):831.

各方面对于科技知识的现时需要出发,将从事的科研工作本职与社团所展开的科学普及建立互动联系,也就是上述郑集在《科学到民间去》一文中阐述的社团拟定的具体做法,从科研工作本身出发实现社会科学化:

> 所谓提倡科学,非欲少数科学家闭门制造空洞之理论与学说,因为这类学说或理论,在今日的中国,充其量不过是"洋八股"及少数人之装饰品而已,于吾国社会民众,是无丝毫利益的。吾人所欲提倡之科学,是要把科学送到民间,是要以中国目前国计民生最有关的切实问题为研究对象,要以简捷有效的方法使大众生活改良,进而充实国力。具体点说,我们应认清国人生活方式的如何不科学化,各种产业的如何落伍,及社会秩序的如何混乱,以及一切一切急需解决的问题,然后就其轻重缓急,分别加以研究改良。我们研究科学,特别是在今日的中国,绝对不应只为个人的虚荣而忘却大众的痛苦①。

这一具体做法首先经由第 6 卷《科学世界》得到展现,在这卷《科学世界》(1936 年 12 月第 1 期—1937 年 6 月第 7 期)中,第 1 期的《战时科学专号》开其端绪,然后从第 3 期开始新增《调查》栏目,发表社员撰写的介绍国内外科研机构的科研工作情形的文章,通过刊物机制表达社员的义务性认知:从科研工作本身出发实现社会科技化是他们作为社员的义务,从而使得社员认知的关于科技工作者的社会角色意识具有责任伦理属性,表征职业伦理规范的萌发。

1.3.2.1 《战时科学专号》表达科研工作与科学普及的结合态势

《战时科学专号》由中华自然科学社欧陆与英国两分社联合编辑②,主编为当时负责《科学世界》中军事科学部分的社员童致诚。童致诚主编与欧陆和英国两分社在共同编辑这一专号的过程中,从所承担的编辑工作出发,分

---

① 郑集.科学到民间去[J].中华自然科学社编印.科学世界,1936,5(9):831.
② 欧陆与英国两分社均是留学欧洲的中华自然科学社社员所成立的社内组织,目的在于在社员人数在 10 人以上的地区集合社员从事社务活动。其中欧陆分社成立于 1935 年 9 月 22 日,分为柏林、明兴、莱茵、巴黎与南锡等区;英国分社成立于 1936 年 1 月 3 日,分为伦敦、剑桥、爱丁堡、曼彻斯特等区。参见:沈其益,杨浪明.中华自然科学社简史[J].中国科技史料,1982(2):60,72.

别刊行相关文章,使得本专号通过发表中华自然科学社社员所认知的科技工作者在战时的社会责任,表达社团所呼吁的理性主义的意识形态。

童致诚主编将题为"科学家和战争"的一篇短文刊在本专号卷首,说明是欧陆与英国两分社为编辑本专号向留欧社员发出的三则问题及社员答案,旨在在国内形成一种关于中国科技工作者在战时的社会责任之讨论的主题,因为全文是从科技工作者对于战争应有的认识与态度出发,指出中国科技工作者的战时责任:

> 科学家对于战争应有之认识与态度:国际间战争可以分为两种:一种是侵略的战争,一种是自卫的战争。科学家探求宇宙真理,发扬人类文化为天职,对于抹杀真理、摧毁文化,蛮性的,凶残的侵略战争,应当彻底反对,但对于反侵略的自卫战争,却应尽自己的学识能力来参加,为生存而战,为正义而战,为人类文化而战,为世界和平而战。

> 中国科学家在战前应有之准备:中国科学家在战时的责任是特别重大的,所以在战前应当:

> 1. 训练个人:(a)积极锻炼身体,参加军事训练,取得军事知识。(b)研究其个人所专精的科学及其对于国防之关系,以谋战时之切实应用,并联合同志互相探讨。

> 2. 教育民众:(a)组织民众,灌输民族思想,唤起国民自信心和责任心,纠正颓废自私等恶习。(b)普及防空防毒救护等知识于大众。

> 3. 充实国力:(a)发展基本工业。(b)促进国防建设。

> 战时中国科学家应如何努力以最大效能发挥国力:

> 20世纪的战争是科学的战争,科学家应具有百折不挠,视死如归的精神,择最有效能的工作努力,协助政府用科学方法统制全国各种专门事业,然后可以发挥最大国力[①]。

这篇短文表明,在留欧社员看来,科技工作者应该从人类社会之伦理正

---

① 科学家和战争[J].中华自然科学社编印.科学世界,1936,6(1):1.

义的角度来看待战争,通过发挥科学知识的工具性专长来实践自身的战时责任,开展对于国防而言具有切实功用的科研工作,普及国防科技知识,以及运用科技知识于工业特别是国防建设,归结而言则是通过运用科技方法实现包括国防在内的国家各项事业科技进步化。

事实上从本专号来看,留欧社员的这一主张首先是在从作为中华自然科学社社员义务出发,从事科学普及这一社务活动方面来实现的。欧陆与英国两分社合编的这期专号所刊行的文章可分为两部类,一是秉承原先的全维度科普理念,刊发与国防战事相关的科技知识及其应用方面的通俗性文章,包括兵器现代化、军队机械化、石油工业与国防能源储备体系建设等,其中的宗旨则在于指示中国科技工作者应该从事的相应科研工作方向。例如社员童志言所写的《军事科学之体系》一文,对于军事科学所涵盖的自然科学与工程技术学科范畴予以通俗性文字介绍,最后指出中国科技工作者从科研工作本业出发所应在军事科学方面努力的方向,在于按照切合当前国家国防事业建设研究课题需要,展开相应的应用科学方向的科研工作:

> 现代科学之所以为贵,即以其能解决实事问题,以合时代之需要,而达福国利民之目的。苟科学家各自构一种意境,尽其毕生精力,作为真理之探求。目实事求是者,为一种谋利行为,大有此非科学家之精神而不屑为。此种为学态度,至少在目前中国,不切实际。尚忆行政当局,尝有劝令全国学者以切合实用,为研究目标。一时颇有学者,对此哗然,认为作此说者,尚未能明了研究二字之意义。今如评价二种见解,而以事实为前提,则行政当局之指示,切合目前之急需,实无可讥刺之余地。观夫仅军用科学之范围,已若是之广泛,岂无供学者钻研之点,而必欲从事于抽象理论之间哉①。

另一是从当时中国国防事业科技进步化存在问题出发,包括我国城市

---

① 童志言.军事科学之体系[J].中华自然科学社编印.科学世界,1936,6(1):4.关于《军事科学之体系》一文的内容,参见:童志言.军事科学之体系[J].中华自然科学社编印.科学世界,1936,6(1):2-4.

的防空体系建设、战时粮食安全体系建设等,运用相应的科技知识指出其中应遵行的科技进步方向,提出国内科技工作者为此应该努力的研究方向。例如社员李凤荪发表《战时农业生产问题》一文,论述战时农业生产的趋势表现为耕地、农产、劳力与运输会面临减少的障碍,指出通常可行的补救方法在于扩充耕地面积与改良耕作与畜牧制度;从科技进步角度出发,改良耕作与畜牧制度是更为有效的方法,包括推广良种、繁殖优良畜种与防疫、防治病虫害、合理施用肥料、推行多熟农制等途径;国内科技工作者有必要依据上述原则展开相应的科研工作,提出具体办法与计划①。

从前述郑集在《科学到民间去》一文的主张来看,《战时科学专号》所刊文章明确地显示出对于郑集主张的实践,要求从科研工作本职出发开展科学普及,并表达出要建立起科研工作与科学普及之间联系这一认识,也就是对于中华自然科学社发挥的社会功能之理性主义的意识形态的具体实践。这不仅表征经由《战时科学专号》的刊行,科研工作与科学普及之间形成结合态势,而且为这种态势演化为一种固定的表达机制提供了前提,因为从6卷3期开始,《科学世界》新增《调查》栏目,专事国内外科学研究机构科研工作情形的调查并进行科普性质的介绍,使得理性主义的意识形态表达建立在固定化的机制基础之上。

1.3.2.2 《调查》栏目形成从科研工作出发开展科学普及义务表达机制

第6卷《科学世界》从第3期开始形成一个新的栏目,叫做《调查》,主要由中华自然科学社欧陆与英国两分社的社员提供稿件,也刊发来自国内科研机构的社员提供的稿件,旨在从科普角度出发,介绍社员收集到的国内外科学研究机构的科研工作情形方面的调查资料。对于作为中华自然科学社所要发挥的社会功能之理性主义的意识形态来说,《调查》栏目的形成可谓具有典型说明性,因为在形式与内容方面,这一栏目使得社员借以表达实践

① 李凤荪.战时农业生产问题[J].中华自然科学社编印.科学世界,1936,6(1):98-102.

从事社务活动这一义务,具体来说呈现为一种表达机制,承载起从科研工作出发开展科学普及这一社团的社会功能。

《调查》栏目的形成也是中华自然科学社社员义务的展现,因为这一栏目所发表的文章类型事实上在 1936 年第 5 卷中就已经有所出现,先是第 6 期发表社员撰写的两篇文章,分别是钱临照的《英国皇家研究院之梗概》、胡乾善的《介绍英国伦敦皇家学会》,然后是第 8 期发表张德粹的《波耳(Bohr)访问记》、张文裕的《英国国立物理研究所之概况》。这些社员当时均在英国留学,加入英国分社中,撰写上述文章源于英国分社当时开展调查英国科学研究机构科研工作情形活动,因为他们认识到对于英国科学研究机构的科研工作情形进行考察,可明晰在通过科研工作促进社会科技化方面领先的英国社会科学化路径,对于中华自然科学社在国内开展社会科技化这一社务活动具有借鉴意义,因此致力于开展调查并将调查记录撰写成文刊载在社刊《科学世界》上,供国内社员开展社务活动时作为参考之用。① 例如张文裕的文章就指出,通过考察英国国立物理研究所的科研工作情形,可知该所:

> 不仅尽其研究物理学上各种问题之职责,而亦以提倡和指导全国工业为己任。……不特此也,该所高级研究员每年必到各工业区演讲几次;演讲范围,或关于近来世界各种工业之概况及其演进,或关于实用物理学上之新发明及其在工业上之应用等问题。如是,使各工业区工作人员更明了科学在工业上之重要,使工业上种种问题时时都在进步中。……我们知道该所是以应用科学为主要的研究机关,而同时又不失是一个学术机关。至于工作方面,又不枉是自己埋头苦干,而同时是竭力地计划及指导全国工业的进行。一个国家的科学研究机关,其工作的范围和目标,诚应如是②。

这些文章均刊发在《科学史传》与《专著》等原有的栏目中,并没有形成

---

① 张文裕,李国鼎.英国剑桥大学物理实验室概况[J].1937,6(6):455.
② 张文裕.英国国立物理研究所之概况[J].1936,5(8):679、688.

有关于这一专题的独立栏目。直至第 6 卷第 3 期出现《调查》栏目，专门刊发这类型文章，包括社员王竹溪的《英国科学促进协会》（第 6 卷 3 期）、社员黄至溥的《南京三大农业改进机关概观》（第 6 卷 5 期）、社员张文裕与李国鼎的《英国剑桥大学物理实验室概况》（第 6 卷 6、7 期连载）、社员戴礼智的《英国工业会社举要》（第 6 卷 6 期）。这表明在《科学世界》编辑部看来，这类型文章能够表征当时社团所要发挥的社会功能，也就是表达以科研工作与科学普及相结合为内涵的理性主义的意识形态，所以《科学世界》编辑部在第 6 卷专门设置《调查》栏目，使得该刊形成新的版面组织形态，规定这类型文章的刊载与固定的版面之间的制度性对应关系，形成一种固定化的刊物表达机制来呈现科研工作与科学普及之间的本质联系，表征《科学世界》在表达理性主义的意识形态这一社会功能之时的制度化路径。

联系到本书主题来看，从科研工作本职出发开展科学普及这一理性主义的意识形态具有深层意涵，表征的是作为科技工作者职业伦理规范的责任伦理，原因在于从科研工作本职出发开展科学普及凸显出科研工作的伦理原则。根据国内学界关于作为一种社会分工而形成职业形态的科学的论述可知，科技工作者职业化使得科研工作的开展以科学体制化作为前提，也就是由科学研究机构具体代表的科学建制承载职业化的科研工作之进行，而由于科学建制的运行需要社会提供财政与体制保障，并回报以知识创新从而为社会整体的进步提供所需凭借的知识储备，所以科学建制就与社会其他建制形成一种契约性的利益交换关系，这样科学建制所承载的职业化的科研工作不仅要遵循科学的社会规范，确保科学建制正确履行拓展实证性知识这一科研工作内在的责任，而且还有必要对于其他社会建制的要求与期待做出回应，这种回应以本质上是职业伦理规范的责任伦理形式的表象呈现。

从学理上来分析，科学建制带来的科技工作者职业化令科研工作成为一种社会分工，其中科学知识工具性专长的发挥令科学研究这种社会分工具有特定蕴涵，就是知识与力量因素，这正是作为知识和力量的函数之社会责任有以产生的渊源,表现为由于科研工作追求的知识创新目标会发挥科学知识的工具性专长功能,通过将科学知识及其应用扩展到社会中,使得人与自然、人与社会之间形成新的控制型关系,在人类干预自然以及运转社会过程中加入新的创新性原则,从而令其他社会部门必须围绕新的原则制定相应规则实现持续运作,影响及于科研工作与其他社会分工之间产生由价值规范来评判的利益关系,要求科研工作所带来的知识创新必须在道德上体现趋于善的正向价值,也就是科研工作给人类干预自然与运转社会带来的利益必须与人类福利正相关,令其他社会部门乃至社会整体避免在科技知识及其应用规制下受到利益损害,而是趋于在科研工作所推动的人类文明进步进程中增加福利性受益,因此作为社会分工的科研工作的目标不再局限于拓展实证性知识,相反则分解到对于其他社会部门所应负有的道德责任中来,实质上指向从前瞻性的道德层面上规制社会分工之间利益关系的责任伦理,形成科技工作者职业伦理规范,在科技与社会之间各种利益关系之间起到协调机制作用①。

那么,第6卷《科学世界》先是出版《战时科学专号》,并新增《调查》栏目,展示出中华自然科学社将理性主义的意识形态作为所要发挥的社会功能,并且从科研工作本职出发开展科学普及来表现,意谓社员具有的科技工作者关于自身社会角色意识在事实层面有所指向,这就是科技工作者职业伦理规范。

---

① 刘大椿. 现代科学技术的价值考量[J]. 南京大学学报(哲学·人文科学·社会科学),2001(4):106 – 108.
　杜鹏. 关于科学的社会责任[J]. 科学与社会,2011(1):119 – 120.
　李晓光. 论科学家的伦理责任[J]. 北京科技大学学报(社会科学版),2007(1):151 – 152.
　潘建红. 科技成果二重性与科学家社会伦理责任初探[J]. 武汉科技大学学报(社会科学版),2001(4):121 – 122.

图1-7 《科学世界·战时科学专号》封面

(中国科学院自然科学史研究所图书馆馆藏)

1.4 本章小结

综观本章所述可知,民国时期兴起的现代性价值观规制民国科技工作者关于自身社会角色意识内涵,令具有理论与实践相结合特质的科技工作者职业理念成为中华自然科学社的指导思想。

从1927年创社直至1937年刊行第6卷《科学世界》,社员始终以科技工作者职业理念作为制定与贯彻社务活动宗旨的指导性认知,表现为首先是在1927—1931年创社初期,参与创社的社员就认识到当从事科研工作这一职业之时,通过实现科技知识的应用以发挥科学知识的工具性专长是应有之义,并以此理念相号召,推动社团从地缘性社团转变为围绕科技工作者职业理念运作的业缘性社团;然后是在"九一八"事变以后国内科技工作者以科学救国相号召时,社员认识到科学救国要义在于实现科技知识在中国的增进,这要求科技工作者必须要从科技工作者职业理念出发实现中国社会的科技进步,造就增进科技知识所需要的社会科学化环境,他们因此决定走科学大众化道路以实现社会科技化是科学救国的可行途径,出版《科学世界》开展科学普及,这不仅具体塑造社员的业缘化社会关系,而且在此基础上使得科技工作者职业的社会功能之令社会理性化得到发挥,造成科研工作成为一种令社会理性化的业缘性事务的历史事实,进一步经由1935年社团第八届年会宣言对于这一事实的理念层面阐扬,宣告中华自然科学社承担起令社会理性化这一具有下移位势的社会责任,以及本届年会通过的社团章程对于社团发挥令社会理性化功能的组织机制建设,为中华自然科学社承担起令社会理性化的社会责任创造出制度性空间,使得社团发展成为中国本土化形态的公共领域建制;最后是在1936—1937年间,社员在科普实践中,进一步认识到探索科技知识的有效运用是科技工作者职业理念的根本性指向,所以从自身作为社员义务出发,根据《科学世界》从1936年开始编辑方针的变化情形,致力于在科普实践中寻绎实现科技知识对于国家民众的切实贡献途径,并以从科研工作本职出发开展科学普及作为所选取的实践方向,在学理上而言,这表征的是对于公共领域建制具有规定性的理性主义的意识形态,可被视为是中华自然科学社经历公共领域建制化以后发展历程背后的历史逻辑。

这里有必要进一步予以说明的是,根据中华自然科学社社史,由于"七七"事变以后抗日战争全面开始,中华自然科学社的社务活动由于时局的关系而暂时停止,总社原本筹备于1937年9月召开的十周年纪念大会暨第十届年会也未举行,刊行中的第6卷《科学世界》在1937年6月发出第7期后暂时停刊,在社团历史上,这宣告社团社史第一阶段的结束。直至1938年总社迁移至重庆并在大后方恢复与建立各个分社之后,社团第二阶段发展历程得以展开,直至抗日战争结束①。中华自然科学社在这一时期以抗战建国的时代使命相期许,将从科研工作本职出发开展科学普及这一社务活动推进到新的层面,在学理层面上,体现出社员对于从科技工作者职业理念出发形成的责任伦理之深入实践,从科学社会史视域出发,这一深入实践以历时性作为维度,表现为民国科技工作者群体认知职业伦理的制度性形塑过程,引领作为公共领域建制的中华自然科学社的体制化历程。

① 　学术情报(五月):甲、中国之部:学术团体及学术会议:中华自然科学社十周年纪念会[J].月报,
　　1937,1(6):1279.
　　二十三年来的中华自然科学社[J].中华自然科学社编印.科学世界,1950,19(6):131.
　　十九年来的科学世界[J].中华自然科学社编印.科学世界.1950,19(6):134.

第二章 责任伦理的应用科学学科
规训化实践(1938—1941)

　　第一章1.3节已及,作为中华自然科学社所遵循的理性主义的意识形态,从科研工作出发开展科学普及令科学研究彰显伦理原则,实质上指向的是科技工作者职业伦理规范,以责任伦理作为这一科技工作者职业伦理规范的学理内涵。事实上,根据中华自然科学社社史可知,在总社于抗战爆发后迁移到重庆并在大后方恢复社务活动后,通过作为公共领域建制的运行机制,从科研工作出发开展科学普及开始在社务活动中实现制度化,表现为1938—1941年期间,通过开展与抗战建国时代要求相称的应用科学方面的研究,在反映抗战以来大后方科技工作者应用科学方向的科技布局的同时,也为中华自然科学社从科研工作出发开展科学普及构建出应用科学学科规训①,呈现为这一时期社务活动方向转向以应用科学来规训,形成理性主义的意识形态在抗日战争时期的表达路径。

---

① 学科规训实质上是学科内在的范式运行机制,以作为范式之表征的学科知识生产与应用的规范准则作为这种运行机制的表现,这就使得作为职业在现代社会运行的内容,来自科学研究与逻辑分析过程的专业化知识的运用建立在规训基础上,因为科学研究与逻辑分析是现代知识分类体系之学科在学科规训作用下的过程,由范式规定这一过程所应遵循的实践准则,包括共同的教育与专业训练背景、标准文献范围、技术操作规范与研究主题,为发挥学科知识之运用功能的职业提供必需的专业化知识。参见:陈学东.近代科学学科规训制度的生成与演化[D].山西大学科学技术哲学专业博士学位论文,2004:75-78.

2.1　应用科学方向的科技布局的构建

中华自然科学社总社在抗战爆发后于 1937 年下半年迁至重庆,社员在迁移至大后方后工作地点分散而难以集中,社务会也受此影响而停止活动,总社所开展的以刊行《科学世界》为中心的社务因此停滞①。到 1938 年上半年之时,社员从在之前的社务活动中所形成的理性主义的意识形态出发,也就是选取从科研工作本职出发开展科学普及的实践方向,探索科技知识对于国家民众的切实贡献途径,致力于围绕抗战建国的时代要求实践这一理性主义的意识形态,这使得由大后方分社与海外分社集中起来的社员赋予社务活动以新的意义,表现为在关于社务活动在抗战期中对于理性主义的意识形态实践的作用方面,他们在各地分社的讨论中形成共识,共同认识到有必要以抗战为中心,遵循以抗战为中心的科研工作应以应用科学方向的科技布局来规制的客观规律,规划总社在重庆复社后的社务活动方向,推动中华自然科学社总社在 1938 年恢复之前的社务活动,并拟定所要开展的具有抗战建国时代要求内涵的新的社务活动。经由 1938 年 11 月的第十一届年会机制,社团将这些社务活动固定化为理性主义的意识形态在抗战期中的时代内涵,从科研工作出发开展科学普及要形成应用科学方向的科技布局局面,遵循面向抗战建国时代要求的科研工作所遵循的客观规律。

2.1.1　总社从应用科学出发实践社会功能

1938 年 5 月《科学世界》的重新刊行标志着中华自然科学社社务活动的恢复,从社团社史来看这一社务活动恢复的历时性过程可知,围绕《科学世界》的编辑与发行工作之恢复,从 1938 年年初开始,中华自然科学社战前成立于西南与海外的若干分社的社员率先予以相关呼吁,他们从战前形成的

---

① 沈其益,杨浪明.中华自然科学社简史[J].中国科技史料,1982(2):71.
明.抗战期中我社的工作、重庆分社第一次社友大会、第一次社务会[J].中华自然科学社编行.社闻(中国国家图书馆馆藏),(47)(1938 年 6 月 20 日):2,7,4.
十九年来的科学世界[J].中华自然科学社编印.科学世界.1950,19(6):134.

理性主义的意识形态出发,结合中国科学界在抗战建国时期的时代使命,发展出将应用科学作为这一意识形态的具体表达的认识,通过在社内进行相关呼吁等动员活动,策动总社积极筹备恢复以《科学世界》的刊行为中心的社务活动,并使得《科学世界》的编辑方针转向从应用科学出发表达理性主义的意识形态,进一步来说表征的是社团对于国内科技工作者群体的抗战建国时代使命的回应。

2.1.1.1 以抗战为中心表达理性主义的意识形态的社务策动

中华自然科学社社务活动因为抗战爆发而停滞的局面引起社员广泛讨论,在社团迁移至大后方后加入当地分社以及尚在海外分社活动的社员中间,形成以抗战为中心形成的"战时社务的努力原则"。根据报道社团社务活动情形的社内通讯刊物《社闻》①第47期的记载,当时大后方的重庆、长沙与西北分社②,以及海外的英伦与欧陆分社社员展开讨论,主旨为关于中华自然科学社在抗战期中的工作究竟应该怎样进行。在这些讨论中,第47期《社闻》编辑认为,1938年1月25日,欧陆分社致总社社务会及西北分社之公函中提出相关观点,这些所述的观点具有广泛代表性,这些观点指出,抗战爆发以来,通过将科学研究与战时国防和生产事业相结合,中国科学界参与到支持抗战事业的历史进程中;由此而论,中华自然科学社致力于发挥科学知识的工具性专长于中国社会,借以从科研工作的理性化模式出发实现

---

① 根据《中华自然科学社简史》一文的说明,《社闻》是社团为联系全体社员以开展社务活动而刊行的社内通讯刊物,登载总社、分社、社友会以及学组的消息与社员动态;每期首篇为"社论",阐述社团的活动计划与社务方向;每期之末刊载"社友意见",登载社员所提的社务活动方面的意见;1931年始刊行,除1934年11月—1937年7月每月刊行一期外,其余阶段为双月刊或不定期发行。参见:沈其益,杨浪明.中华自然科学社简史[J].中国科技史料,1982(2):60-61.现有部分数量的《社闻》藏于中国国家图书馆。

② 重庆分社成立于1938年1月9日,以社团战前就任教于重庆大学的社员谢立惠等以及新迁到重庆的任教于中央大学的社员为中心,是总社迁到重庆后在重庆的社员们首次聚会以商讨总社恢复办公社务的情形下成立的,由30年代长期担任社长的中央大学化工专家杜长明担任分社主席,主持分社社务。长沙分社成立于1935年7月6日,以任教于湘雅医学院、湖南大学、明德中学、岳云中学等机构的社员为中心;西北分社成立于1937年5月12日,氛围武功、西安、城固、泾阳、兰州、宁夏等区。参见:沈其益,杨浪明.中华自然科学社简史[J].中国科技史料,1982(2):72-73.

重庆分社第一次社友大会[J].中华自然科学社编行.社闻,(47)(1938年6月20日):7.

中国社会的理性化,承担起令社会理性化的社会责任,所以抗战时期社员承担上述社会责任更为要紧,因为支持长久抗战与保证抗战胜利正是这一社会责任所要实现的目标所在,为此社务活动应以抗战为中心形成"战时社务的努力原则",包括四项原则,首先是重新整理社内组织,先是恢复总社办公与《社闻》及《科学世界》,进而整理大后方各地分社、社友会、社友区与学组等组织并重新调查社员动态;然后在此基础上通过社内组织动员社员组成前方和后方服务咨询团,以这种组织形式普及科学知识在国防战事和大后方建设事业中的运用,借以维持长期的全面的抗战;最后经由国外分社社员实现国内外科学界联络,旨在由总社将抗战过程中需要科技知识来解决的问题予以详细调查并汇总,交由国外社员利用便利的研究条件来研究解决,再作为科技知识普及到国防战事和大后方建设事业的运用过程中,在根本上使得中华自然科学社所承担的社会责任发挥最大的抗战效果①。

从总社在重庆恢复办公的过程来看,以抗战为中心形成的"战时社务的努力原则"的实践路径还是从科学普及切入,借以与科研工作相结合。先是重庆分社第一次社友大会在 1938 年 1 月 9 日举行,为总社迁至重庆后第一次社员大会,集中在重庆的社员讨论社务,一致认为恢复《科学世界》是社团能够有效转向以抗战为中心的社务活动;然后是重庆分社第二次社友大会在稍后的 3 月 27 日举行,在汇集海外与长沙、武功和成都各分社社员对于恢复社务的讨论意见基础上,议决除筹备恢复《科学世界》之外,还应在科学普及方面组织"科学问题讨论委员会",从各学组中聘定一名社员组成委员会,汇总抗战过程中需要科学技术来解决的战时科学技术问题。在 3 月 20 日与 3 月 27 日召开的总社迁至重庆后恢复的第一和第二次社务会中,上述两件议决案作为社务会所认知的社团在抗战期中的中心工作得到确认,其中议决《科学世界》从 1938 年 5 月 1 日起恢复出版,并决定从各学组中聘定委员组织"战时科学问题讨论委员会"的工作②。根据第 47 期《社闻》的相关记

---

① 欧陆分社来函[J].中华自然科学社编行.社闻,(47)(1938 年 6 月 20 日):2–4.
② 第一次社务会、第二次社务会、重庆分社第一次社友大会、第二次社友大会.[J].中华自然科学社编行.社闻,(47)(1938 年 6 月 20 日):4、5、7.

载,当时社员对于《科学世界》的期许在于刊载切合抗战事业需要的科普文章,考虑到这时社员广泛认为,切合抗战事业需要在根本上指向从科研工作出发予以解决的战时科学技术问题①,而"战时科学问题讨论委员会"的组织显然来源于上述欧陆分社的建议,同样指向从科研工作出发予以解决的战时科学技术问题,用以作为科技知识实现在国防战事和大后方建设事业中的普及化运用。这就是说,《科学世界》的恢复刊行与"战时科学问题讨论委员会"的组织主旨相同,旨在开展从科研工作出发的科学普及。

综括而言,在战时迁移到大后方以及尚在海外分社活动的中华自然科学社社员看来,从科研工作出发实现科技知识的战时运用是发挥所承担的社会责任的根本途径,这样就以抗战为中心,将作为他们本职工作的科研工作与发挥科技知识的工具性专长建立起联系,结合本书第一章1.3节所述理性主义的意识形态作为社团的社会功能可知,意谓社员以抗战为中心,认识到科学作为一种职业的结合理性知识与实践的结构性内涵的战时意义,表达对于理性主义的意识形态认知。

2.1.1.2　理性主义的意识形态转向应用科学实践

根据中华自然科学社总社于1938年8月出版的第48期《社闻》的相关记载,以及同年9月向中国国民党中央社会部报告社务状况时所提及的"现在工作",可知到1938年8月之时,中华自然科学社社务已恢复常轨,包括三项社务活动,其一为继续出版《科学世界》,其二为举行科学演讲,其三则研究战事科学问题②。结合之前社团"战时社务的努力原则"的实践路径,这表明理性主义的意识形态经由上述三项社务活动开始得到贯彻,事实上上述三项社务活动均旨在从科研工作出发开展科学普及,并在具体呈现这一主旨的过程中,转向以应用科学作为贯彻理性主义的意识形态的评价标准。

---

① 社务会征求科学世界稿并催交社费启事、欧陆分社本届第三次社务报告[J].中华自然科学社编行.社闻,(47)(1938年6月20日):4,16.

② 通告·(四)社务会催缴社费通告(八月十日)[J].中华自然科学社编行.社闻,(48)(1938年8月20日):3.
　　遵令报告本社社务状况由[R].1938年9月15日收.南京:中国第二历史档案馆,11.7133.270.

首先,为实践刊载切合抗战事业需要的科普文章这一社员以抗战为中心而形成的共识,中华自然科学社总社在继续出版《科学世界》的过程中,决定社员童志誠与李秀峰负责编辑事务,其中李秀峰实际负责,①确定相应的编辑方针作为开端,规制刊物所发表的科普文章的类型,他指出《科学世界》将从与抗战和国防有关的科技知识切入,来实现科学普及的办刊宗旨,为此编辑方针确定为下述三项:

> 第一,仍旧努力于普及科学的宣传运动;第二,侧重于抗战及与国防有关的材料,以应时代的要求;第三,撰载关于本国农工业的调查与改进的文字,以引起国人对于本国物产的注意②。

李秀峰指出,与抗战和国防有关的科技知识应以科技论文作为文字表现形式,为此在复刊过程中向大后方社员集稿时指出:"此次复刊适在抗战时期,为适应社会需要计,该刊特别欢迎与抗战国防有关之科学论文,深望诸社友多多供给。"③

从这一认识出发,复刊后的《科学世界》以科学研究的问题意识作为引领,使得与抗战国防有关之科技论文达致普及性文字的程度,推进与抗战和国防有关的科技知识的普及。据本书作者统计,从 1938 年 5 月 8 卷 1 期直至标志第 8 卷出版完成的 1938 年 12 月之 7 卷 8 期,《科学世界》共发表 46 篇科普文章,其中 26 篇文章是以科研工作的问题意识引领的具有科技论文意蕴的科普文章,另外 20 篇文章分别为社员的科普演讲记录稿,以及体现全维度科普理念的关于自然科学知识及其技术应用方面的通俗性文章,显示

①　这是因为社员童志誠在 1938 年上半年即已离开重庆,复刊的工作自始即是由社员李秀峰单独负责。参见:第十一届年会记录·社务报告:由朱炳海报告[J].中华自然科学社编行.社闻,(49)(1938 年 12 月 1 日):4.

②　编者.今后的本刊[J].中华自然科学社编行.科学世界,1939,8(1).

③　科学世界复刊——五月一日出版第七卷第一期[J].中华自然科学社成都分社组织股主编.成都社讯(中国国家图书馆馆藏),1938 年 8 月 15 日(创刊号):5.

出复刊后的《科学世界》对于编辑方针的贯彻程度①。在科研工作的问题意识引领的具有科技论文意蕴的科普文章中,《战时农作技术的检讨》(7 卷 6 期)具有代表性,文章指出之所以展开这个题目的撰写,乃是因为抗战发生许多有待科技知识来解决的问题,从农业方面来看,抗战使得农业生产不止和民生发生密切关系,而且对于国防来说更形重要,因此处于大后方的中国农业科技工作者应该对于农作技术的改进展开详细讨论,并在大后方的农业生产实践中予以切实指导,作者因此著此文论说农作技术在抗战中的重要性与改进原理以及路径,实现普及先进农作技术的作用②。

图 2-1 《科学世界》1938 年第 7 卷第 1 期封面页

---

① 这里的统计数据不包含 7 卷 3 期所发表的科普文章数量,因为本书作者从中国国家图书馆民国期刊检索系统、大成老旧刊检索系统、民国报刊检索系统中,还未找到《科学世界》7 卷 3 期的文本,故暂时阙如。考虑到除第 3 期之外的第 7 卷其他 7 期共发表 46 篇科普文章,平均每期发表 6-7 篇,也就是说第 3 期所发表的文章数量也应如此,那么,这并不影响本书这里统计的具有科学论文意蕴的科普文章与其他类文章之间的数量比对情形。

② 沈学年,刘秉宸.战时农作技术的检讨(先后分载 5 期发表)[J].中华自然科学社编行.科学世界,1938,7(2、3、5、6、7、8).

　　其次,通过成都、重庆等大后方若干城市的广播电台系统,中华自然科学社总社与各地分社安排社员举行科学演讲,根据社闻以及第7、8两卷《科学世界》所发表的科普演讲记录稿,从总社恢复社务活动以来的1938年4—12月,中华自然科学社社员在位于重庆的中央广播电台举行17次演讲①,其中经《科学世界》记录的演讲共四次,分别在成都广播电台与中央广播电台举行:8月27日社员童第周在中央广播电台发表演讲,题为《民族复兴与人种改良》;10月27日社员何维拟在中央广播电台发表题为《食盐与民生》的演讲;从8月27日到10月27日期间,社员范谦衷在成都广播电台发表题为《个人与民族生存之生物学观》的演讲;11月4日社员吴襄在成都广播电台发表《如何增进我们的体力》的演讲②。这些科普演讲也是从科研工作的问题意识出发,普及相关科技常识。例如吴襄所做的《如何增进我们的体力》演讲,开宗明义指出从作为所从事的生理学研究工作来看,抗战开始以来值得关注的研究问题在于增进国人身体力量,因为国家在抗战期间所需要的是生理学意义上的具有健康与力量的强壮的人民,这对于军队的行军作战以及在战事中从事救护与宣传工作的人们而言有重要性,那么如何增进国人身体力量使变强壮就是一个值得研究的生理学问题,并且经由生理学研究所获致的科技知识也是有必要予以普及的科技常识,包括体力所涵盖的生理条件、增进体力的生理学方法等等,这一科学常识对于国人参加抗战实现民族独立生存的目标而言意义重大③。

　　第三,战事科技问题的研究包括两个方面,分别由总社与分社予以推进。在总社层面,6月26日举行的第三次社务会议议决设立战时科学工作设计委员会,由时任社长杜长明、社员童第周和陈传璋三人负责筹备。在分

---

① 中华自然科学社广播一览表[J].中华自然科学社编行.社闻,(49)(1938年12月1日):15-16.

② 童第周.民族复兴与人种改良[J].中华自然科学社编行.科学世界,1938,7(5).
范谦衷.个人与民族生存之生物学观[J].中华自然科学社编行.科学世界,1938,7(7).
何维拟.食盐与民生[J].中华自然科学社编行.科学世界,1938,7(8).
吴襄.如何增进我们的体力[J].中华自然科学社编行.科学世界,1939,8(1).

③ 吴襄.如何增进我们的体力[J].中华自然科学社编行.科学世界,1939,8(1):7-12.

社层面,7 月 31 日召开的昆明分社筹备会议决相关议题两项,第一项为联合中国科学社与云南科学社等团体,组织"科学工程顾问社",开展科学教育与改良工业技术等适应抗战建国需要的科学服务;第二项为办理工业企业,增加战时生产,包括利用砖窑技术筹办砖瓦窑工厂以生产建筑材料;从香港引进印刷与造纸机器筹办印刷厂以发展学术刊物印刷工业。上述社务活动均是从科技知识的应用对于以抗战为中心的各方面需要出发,寻绎相应的科研工作问题所在,展开科学理论研究与技术实践应用过程。例如昆明分社筹办砖瓦窑工厂源于抗战爆发后,昆明的国防工业有较大发展,引起建筑材料供不应求的现象,为此昆明分社筹备会议上社员沈贯甲提议开办砖瓦窑工厂,开展所需砖窑技术及其应用的研究与试验,以利工业发展①。

在贯彻从科研工作出发开展科学普及这一理性主义的意识形态过程中,上述 3 项社务活动以抗战为中心,通过科研工作的问题意识来予以引领这一过程,这表明中华自然科学社社员对于理性主义的意识形态的认识发生转向,认识到从科研工作出发开展科学普及的目的在于转化,旨在将科技知识转化为适应战时需要的具有实际运用功能的技术、方法与产品。本书认为,这在学理上可被视为是转向以应用科学作为评价标准,因为应用科学"是人类在将基础研究得出的科学概念、知识和理论用来分析、处理或解决具体的技术和产品的设计、制造、操作或控制过程中形成的系统知识,以及由生产实践或操作的经验归纳和提炼成系统的知识和原理"②,任务在于阐明基础科学的实际应用前景或者影响技术实现的理论问题,归结而言就是

---

① 第三次社务会议[J].中华自然科学社编行.社闻,(48)(1938 年 8 月 20 日):3.
昆明分社筹备会记录[J].中华自然科学社编行.社闻,(48)(1938 年 8 月 20 日):6.注:昆明分社是在 1938 年 8 月 6 日召开的第四次社务会议中议决设立的,因应抗战以来迁移到昆明的社员人数渐多情形,由社员汪楚宝筹备,经过 7 月 31 日筹备会之后,按照分社组织条例正式成立。参见:第四次社务会议、昆明分社筹备会记录[J].中华自然科学社编行.社闻,(48)(1938 年 8 月 20 日):3、4、5、6.
第十一届年会记录·(甲)开会仪式及宣读论文·社务报告:由朱炳海报告[J].中华自然科学社编行.社闻,(49)(1938 年 12 月 1 日):2.
② 阎康年.应用科学与应用科学革命[J].自然科学史研究,2007(3):425 - 426.

科技知识的应用价值①,因此研究内容在于"探索基础科学实际应用的途径和方法,将基础科学的成果转化为新技术、新方法、新工艺、新流程及新产品;另一方面研究生产实践提出的具有普遍性的技术理论问题"②,所以评价标准就在于实现基础科学研究所产生的科技知识的实际应用功能。由是言之,上述三项社务活动均旨在实现基础科学研究的实践转向,体现出从科研工作出发开展科学普及的成效之评价标准转向转化成效,这在学理上而言与应用科学评价标准相契合。进而考察社团社史可知,通过第十一届年会,这一转向进一步发展成为将应用科学方向的科技布局作为社务指导原则。

2.1.2 应用科学方向的科技布局成为社务指导原则

第十一届年会于 1938 年 11 月 13 日在重庆巴县中学举行,作为抗战开始以来社团迁移到大后方之后举行的第一次全体社员大会,决定社团在抗战期中的社务活动方向以及相应的具体社务事项。根据第 49 期《社闻》记载的年会会议记录,时任社长杜长明作为年会主席首先在致开会辞时说明,社团一贯的社务活动方向在于科学普及、科研工作与应用科技发展生产,这在抗战期中来说尤为切合抗战建国的时代需要,所以这届年会的开会宗旨在于讨论中华自然科学社参加抗战建国工作的途径,从而在延续社务活动一贯方向基础上担负起实现科学的抗战建国的时代使命③。从年会讨论及相应议决案情形来看,经过这届年会的讨论,社团将应用科学方向的科技布局作为参加抗战建国工作的社务指导原则,开启应用科学方向的科技布局规划战时科研工作的途径进程。

2.1.2.1 从应用科学方向的科技布局规划战时科研工作

第十一届年会在 11 月 13 日年会召开当天下午举行社务会议,在讨论修

---

① 王续琨.自然科学的学科层次及其相互关系[J].科学技术与辩证法,2002(1):60.
  孟昭英.基础科学、应用科学与生产技术间的关系[J].应用科学学报,1983(3):189-191.
② 梁福军.科技语体语法、规范与修辞[M].北京:清华大学出版社,2016:114.
③ 第十一届年会记录·(甲)开会仪式及宣读论文·主席杜长明致开会辞略谓[J].中华自然科学社编印.社闻,(49)(1938年12月1日):2.

改社章与选举社务会理事以及推举社长议程之后,进入讨论议案议程,其中除关于社内组织事务等一般社务之外,另一项议程为关于战时科研工作的组织与计划,包括四项提案,第一项为组织中华自然科学社西南及西北科学考察团案,由社员屈伯传与李秀峰提议;第二项为开展有关国防与军事领域的科学普及活动案,旨在举办军事科学通俗讲演班、战事技术训练班与战地科学服务团,分别面向大后方民众、政府与其他参与组织战地救护等工作的机关等,由社员杨允植提议;第三项为组织国防科学丛书编辑委员会案,由欧陆分社提议;第四项为建议总社向国民政府提议联合中央研究院、教育部与经济部,组织统筹大后方科技建设事业之总机关,目的在于通过统筹分配各项研究计划于各个研究机关、调查全国科技人才与科技教育机构,以按照战时需要合理分配研究问题,按照战时生产建设的需要调整中小学理科课程与发展中级职业学校,进而改变大后方研工作与科技教育不切实用的弊病,使之与抗战事业对于科技的需要相结合,实现大后方科技事业有计划地发展的目标,由英伦分社提议。这些提议均由年会讨论通过,通过社内各种组织方式予以筹备与酌量办理①。通过中华自然科学社社史可知,在这四项提案中,事实上只有第一和第四项提案经由社内组织得到实践,结合2.1.2.1节所述的总社复社以来的社务活动,可知这两项提案均贯彻的是科研工作转向以抗战为中心所呈现的问题意识,也就是说以应用科学为评价标准来引领战时科学工作,与前一阶段的从科学普及目标出发的将应用科学作为评价标准的社务活动不同,这种引领完全是从科研工作与应用科技发展生产这两项社务活动目标出发,以科研方向调整到抗战需要方面的认识来实现的,这可从组织中华自然科学社西南及西北科学考察团案的缘起来示例说明。

根据1942年《科学世界》出版的号外《中华自然科学社西康科学考察团报告》,中华自然科学社筹备西南及西北科学考察团的决议源于社员的认

---

① 第十一届年会记录·(乙)社务会议(下午二时起)·讨论议案[J].中华自然科学社编行.社闻,(49)(1938年12月1日):5-6.

识,在第十一届年会上,社员一致认识到中华自然科学社应该尽科学社团报国之责任,从事对于大后方建设具有意义的边疆科学考察工作①。中华自然科学社社员关于科研方向调整的认识其实具有抗战大后方的时代背景,从当时大后方的科研工作情形来看,这一认识是当时大后方科技工作者群体科研方向调整到应用科学形势的反映,黄兴涛在《中国文化通史·民国卷》中曾专门论述道这一科研调整情形:"1938 年,国民党临时全国代表大会通过的《战时各级教育实施纲要》就指出:'对于自然科学,依据需要,迎头赶上,以应国防与生产之急需。'科学家们根据抗战需要,自觉地完成了科研方向的调整,特别注重科学在国防军事及工业生产方面的应用研究。……内迁后的科研院所普遍注重实地科学调查,科学考察因之蔚然成风。"②

当中华自然科学社将应用科学确立为科研方向时,这就意谓以应用科学为评价标准来引领战时科研工作的方式发生变化,转向以应用科学为方向规划科技布局的方式实现对于战时科研工作的引领,究其原因,科技布局是指"在一定时期内科技活动的领域方向、研究机构设置和各类资源配置的全面规划安排"③,通过承载基础、应用与工程科学学科的研究机构与研究项目的设立来实现,在 20 世纪上半叶"主要由科技活动自身的学科领域与方向来表达"④,可知作为科研方向的应用科学表达的是科技布局,作用在于通过研究机构与项目所承载的基础、应用与工程科学学科,规划战时科研工作的方向、研究机构的设置与研究资源的配置。具体来说,上述三项提案就说明,通过研究项目所承载的科技布局,中华自然科学社以应用科学来规划战时科研工作,从《中华自然科学社西康科学考察团报告》中能够予以说明。这份报告指出,西康科学考察团的运作是中华自然科学社所开展的战时科

---

① 乙.朱炳海.本考察团之筹备工作经过[J].中华自然科学社编行.科学世界号外·中华自然科学社西康科学考察团报告,1942:157.
② 黄兴涛主编.中国文化通史·民国卷[M].北京:北京师范大学出版社,2009:402、403.
③ 中国科学院科技布局研究组.关于我院科技布局调整的若干思考[J].中国科学院院刊,2007(2):89.
④ 中国科学院科技布局研究组.关于我院科技布局调整的若干思考[J].中国科学院院刊,2007(2):89.

研工作,源于中华自然科学社总社筹备成立西南及西北科学考察团,为求考察工作易于实现而决定首先筹备西康科学考察团,为此成立四个应用科学学科方向的考察分组,包括地理气象组、农林畜牧组、药物组和工程组,以在科学调查西康地区的自然资源基础上实现相应的应用开发为目的,也就是实现这些方向的基础科学知识向应用技术方向的转化①。呈现出考察团这一研究项目本身以应用科学学科为方向分组组织的实质在于,作为应用科学科研方向所表达的科技布局内涵,起到规划战时科研工作的作用。而经由第十一届年会对于社章的修订,这种应用科学方向的科技布局则发展成为中华自然科学社的社务指导原则。

2.1.2.2 社章规制应用科学方向的科技布局成为社务指导原则

中华自然科学社第十一届年会在议决上述社务活动的同时,也对于社章重新进行修改,这次修改除关于社务会理事选举规定等社务组织条例重新的设计等事项以外,并新增题为"本社社务预定下列八种以事之难易为举办先后之标准"的规定,作为新修改社章第 16 条,规定以先易后难为原则次第举办的八种社务活动方向依次为:

> 一、举行科学讲演以普及科学知识;二、设立科学图书馆以便学者参考;三、设立博物馆搜集学术上工业上及动植物矿各种标本而陈列之;四、设立研究所施行科学上之实验以求科学之进步及其事业之发展;五、刊行杂志著译科学书籍以传播科学及便利研究;六、组织科学旅行团作实地之调查与研究;七、联络中小学理科教师共谋改良教育;八、受公私机关之委托研究之解决关于科学上之一切问题②。

这八种社务活动实质上还是社团一贯的社务活动方向,第一、二、三项属于科学普及方向,第四、五、六项属于科研工作方向,第七、八两项属于应

---

① 乙.朱炳海.本考察团之筹备工作经过[C].中华自然科学社编行.科学世界号外·中华自然科学社西康科学考察团报告,1942:157–158.

② 为呈请立案事,备考附呈本社章程职员履历表会员名册等共计三件·中华自然科学社章程(1938 年 11 月 13 日修正)[R].1939 年 5 月 22 日封发.南京:中国第二历史档案馆,11.7133.270.

用科学发展生产方向①,表明这八种社务活动其实是社团致力于的战时科研工作遵循方向的具体化。

在 1938 年 12 月第 7 卷第 8 期《科学世界》中,主编李秀峰发表题为《今日科学化运动应走的途径》的文章,代表中华自然科学社立言,对于这八种社务活动方向所指示的社团一贯的社务活动方向进行了论述,阐明社团一贯的社务活动方向在战时当从应用科学方向的科技布局切入,从而引领战时科研工作的开展,为载入社章的社团一贯的社务活动注入抗战建国的时代内涵。

《今日科学化运动应走的途径》一文首先指出,抗战建国是 1938 年中国国民党召开的临时全国代表大会的主题,并经由临时全国代表大会的指示方针形成四个方面的社会科学化方向,在中华自然科学社社员的认识中,科学化运动旨在将随着智识进步而持续增大社会影响力的科技知识扩展成社会文化,也就是作为理性的表征的科技知识在现代社会理性化发展趋势中的作用:科研工作的理性化模式转化为社会发展的理性化目标,析而分之包括三种运动,其一是科学普及运动,其二是社会工业化运动,其三是改进科研工作运动。其中科学普及运动的目标在于使大后方民众懂得应用科技方法,包括将科技知识与思维应用于生产制造、卫生健康与心理习惯等理性化方面,这就需要通过以应用科学学科为方向,运用有效的宣传与教育方法来普及这些学科知识,例如宣传农业科学知识同时要指导科学的耕种方法,各级学校的理科教育课程要面向切合社会需要的应用科学学科知识转变,等等。在促进社会工业化运动方面,文章指出社会科学化的另一个前提条件则为社会工业化,使得社会生产在应用科学知识与方法的基础上合乎科技

① 注:第七项之所以被归入应用科学发展生产方向,是因为这时的中华自然科学社社员认识到中小学理科教育应转向用应用科学学科知识来充实理科课程教育,旨在助益于发展切合抗战建国需要的应用科学,这说明第七项的主旨并不在通过教育推动科学普及方面,而是趋向应用科学发展生产方向。可参见社团英国分社在十一届年会上所提议案及总社的议决案,以及《科学世界》对于这一议决案的遵行情形。参见:第十一届年会记录·(乙)社务会议(下午二时起)·讨论议案[J].中华自然科学社编行.社闻,(49)(1938 年 12 月 1 日):5−6.
益.科学建国的步伐[J].中华自然科学社编行.科学世界,1938,7(8):304.

知识表征的客观规律原理，具体举措在于以应用科学本身的学科方向为标准，结合大后方物产分布情形，相应建立新式民族工业企业开发大后方物产，改良大后方工业技术以发展成为新式工业，以及推动结合工业企业与工业教育的中等职业学校教育模式的应用科学化，使得教育课程转向具有实用价值的应用科学方向。在改进科研工作运动方面，科研工作应以战时社会需要为方向来布局相应学科研究计划，同时扩大科研工作范畴以及与社会其他方面的对接程度，令科研工作能够通过与社会运行相贯通①。

就此而言，中华自然科学社一贯的社务活动方向的内涵在于，适应抗战建国对于应用科学的需要，通过应用科学方向的科技布局，规划科学普及、科研工作与应用科学发展生产方面的战时科研工作的方向。

对于作为公共领域建制的中华自然科学社来说，社章的功能在于规制发挥科学知识的工具性专长在社内的运行机制，使得通过这一运行机制，使得以科技工作者作为职业的社员能够有效参与到这些理性化的社会事务中。也就是说，社章规定的社团一贯的社务活动方向将应用科学方向的科技布局作为内涵，事实上表明在抗战期中以抗战建国为主旨的时代表征在于，发挥科学知识的工具性专长这种理性化的社会事务，这就需要中华自然科学社的社务运行机制予以承载，为此在1939—1941年期间，总社先是通过运行社务会机制组织西康与西北两次科学考察活动，实践社章所规定的社务活动方向，并以《科学世界》运行机制为依托，引领战时科研工作通过应用科学方向的科技布局来引领，并在这一过程中，呈现出应用科学学科通过科技布局规训《科学世界》的科学普及方向的内涵。

---

① 李秀峰.今日科学化运动应走的途径[J].中华自然科学社编行.科学世界，1938,7(8):305 -
310.注：李秀峰这篇文章并未写到提高科学研究运动的具体举措，在论述促进社会工业化运动部分后注明"未完"，提示出在以后的《科学世界》中会继续发表本书的后续部分，论述提高科学研究运动的具体举措。但是后来发行的《科学世界》未再刊载这篇文章的续文，本书这里论述改进科研工作运动的观点，来源于李秀峰在这篇文章开始部分所提及的临时全国代表大会关于科学研究部分的指示方针，因为李秀峰也是在临时全国代表大会所提出的相应指示方针路径下展开科学普及与社会工业化部分的论述，所以本书认为临时全国代表大会关于科研工作部分的指示方针也是李秀峰相应论述的基调。

2.2 应用科学学科对于社团科学考察活动的规训

西康与西北科学考察活动将科研工作与应用科学发展生产相结合,在活动的组织与开展过程中,从考察活动本身旨在将科研工作与抗战建国相联系的主旨出发,先是在组建考察团的过程中,通过规划所要运用的应用科学学科形成科学考察的组织形式;然后在开展考察活动的过程中,通过作为应用科学学科内在的范式运行机制的有关知识生产与应用的规范准则,形成为经济建设提供参考与依据的科技知识运用情形作为内容的科学考察报告。这是基于应用科学方向上的科技布局规划活动,形成适应抗战建国需要的科学研究及其应用的规划,反映的是作为职业科技工作者的社员遵循应用科学学科规训的实践。

2.2.1 科学考察团的组建与应用科学学科规划

本书在 2.1.2.1 节记述指出,西康与西北科学考察活动起源于中华自然科学社十一届年会决议案,名为"组织中华自然科学社西南及西北科学考察团案"。根据中华自然科学社社史,为执行这一决议案,中华自然科学社社务会按照先易后难的原则,先后筹备西康科学考察团与西北科学考察团作为组织形式。社务会为此将科研工作与抗战建国时代要求相联系作为考察目的,根据科学考察作为抗战建国时代要求之经济建设的先驱这一理念,从科学考察对于经济建设的意义在于为经济建设提供理性参考与依据出发,首先以应用科学学科为本位对于考察团中分组考察计划进行组织方面设计规划,使得应用科学建立起科技布局,从而为对于西康与西北科学考察活动发挥规训作用提供了学科体系的前提条件。

2.2.1.1 科研工作移注于经济建设与基于应用科学的规划设计

中华自然科学社西康与西北科学考察团的筹备工作以分组考察计划作为枢纽,承接考察目的与考察团团员组成安排,并成为考察活动得以开展的决定性因素。这两次科学考察团的筹备工作均主要围绕分组考察计划进行,侧重于以应用科学学科作为依据,实现对于"从事后方资源之调查"这一具有应用性导向的研究对象规划。

首先,1938年11月—1939年7月,西康科学考察团得到组建。具体来说,从1938年11月27日召开的第十二届第一次社务会开始,直至1939年7月2日召开的第八次社务会为止,十一届年会议决成立的西康科学考察团筹备委员会在设计考察团组建办法时,从"从事后方资源之调查"这一考察目的出发,将各门科学学科作为分组依据,先是确定10组,包括测量、地质、矿产、牧畜、农林、民族、经济、地理、摄影、医药与卫生,并展开招募符合上述学科要求的社员的工作,根据社员招募情形,将10组合并为4组,包括地理气象、农林畜牧、药物与工程①。结合《民国时期总书目》中的学科分类目次可知,无论是最初的10组抑或后来的4组,地质、地理与气象学等占学科总数三成者属于自然科学学科,其余七成则均属于农业科学、医药卫生与工业技术等学科,考虑到自然科学以自然为研究对象,旨在形成关于自然规律的科学知识为目标,从属于基础科学;其他学科则以满足解决相关领域的实用性问题为研究对象,提供的是将科学知识转化为生产实践所形成的以应用功能为前提的技术性知识,从属于应用科学②。

其次,西北科学考察团的筹备工作开展于1941年,同样以"从事后方资源之调查"作为考察目的,从作为筹备工作起始的1941年1月15日召开的第十四届第二次社务会开始,就侧重于将应用科学学科作为依据订定分组考察计划,包括地理气象组、地质地形组、交通组、农林植物组、畜牧兽医组、农业经济组与民族组,最终由于参加社员仅四人,于是形成地质地形、农林植物、畜牧兽医与农业经济等四个考察方向,其中农林植物与畜牧兽医等应用科学学科占据两个方向,表明应用科学学科仍然是主要的考察方向③。

① 社务会启事·为组织西康考察团事[J].中华自然科学社编行.社闻,(49)(1938年12月1日):16.
② 本书这里提出的关于基础科学与应用科学之间的学理分别,来源于李醒民先生的相关论说。参见:李醒民.基础科学和应用科学的界定及其相互关联[J].上海大学学报(社会科学版),2011(2):47-50.
③ 中华自然科学社西北科学考察团计划大纲[J].社闻,(55)(1941年4月15日):7,9.
中华自然科学社考察报告第二种·中华自然科学社西北科学考察报告[Z].地理学报,1942年第9卷:1.

中华自然科学社从应用科学学科出发,规划西康与西北科学考察团的分组考察计划,事实上是从1939年开始大后方科研工作转向应用科学方向的趋势使然。循序来看,这一趋势的兴起有两方面原因,一方面原因在于,战争环境与民族危机使得大后方社会形成关于应用科学方向的科研工作具有重要性的共识,政府与企业界对于开展应用科学方向的科研工作积极资助,推动大后方科研工作向应用科学学科转向①;另一方面原因在于,抗战爆发以来大后方科技工作者注重将科研工作移注于经济建设方面,转向开展应用科学学科领域内的研究,以满足战时各方面对于科学的需要,特别是从1939年下半年开始,随着各种科研机构在大后方恢复研究工作,这一转向明显由提倡走向实践。例如张瑾在《抗日战争时期大后方科技进步述评》一文中就已指出,当1938年国民党临时全国代表大会通过《战时各级教育实施纲要》,号召科研工作要在满足国防与生产需要方面迎头赶上时,大后方科技工作者随即以"迎头赶上"相号召转向应用科学方向的科研工作;而到1939年下半年以后,科研院所与大专院校的理工农医学系和研究所开始广泛实践这一号召,他们利用所恢复的研究条件调整研究计划转向应用科学方向的科研工作,一是在国防军事与工业生产方面,另一则是在大后方资源调查方面,分别满足抗战方面的实际需要以及大后方工农业建设需要②。

中华自然科学社以应用科学学科为依据对于西康与西北科学考察进行分组规划,指向的是移注于经济建设方向的科研工作方向,这一现象在学理上可被视为本书前述之科技布局,因为应用科学当作为科研工作方向之时所表达的就是科技布局。由于科技布局对于科研工作方向的规划是通过研究项目对于学科的承载来实现,也就是说,应用科学学科本身经由分组考察计划实现对于西康与西北科学考察方向的规划,令这两次考察转向应用科学方向下的科研工作。这使得应用科学学科体系经由科技布局在西康与西北科学考察活动中予以确立,为发挥应用科学学科对于西康与西北科学考

---

① 何一民.抗战时期重庆科技发展述略[J].西南师范大学学报(哲学社会科学版),1993(1):49.
② 张瑾,张新华.抗日战争时期大后方科技进步述评[J].抗日战争研究,1993(4):102-103.

察活动的规训作用提供了前提条件。对于这一点而言,中华自然科学社在组建西北科学考察团的筹备工作中,曾在《社闻》中刊行《中华自然科学社西北科学考察团计划大纲》,提供了具体的说明。

2.2.1.2　以西北科学考察团分组规划为例的说明

《中华自然科学社西北科学考察团计划大纲》旨在说明考察活动计划情形,这是由大纲中四个部分来承载的,包括缘起、考察路线与范围、考察目的、分组与人选等,其中缘起、考察路线与范围、考察目的这三个部分指示这一考察活动方向,旨在实现以大后方经济建设科学化为目标的科技布局规划;分组与人选部分则指示规划的路径在于应用科学学科范式的运用,确立起应用科学学科体系。

首先,缘起、考察路线与范围、考察目的这三个部分依次指出,这次科学考察活动的目标在于建立起科研工作与抗战建国时代要求之间的联系,为此科研工作应该转向为经济建设提供参考与依据,这就指向从事西南与西北地区的科学考察工作,以为大后方的经济建设提供科学参考和依据。由于中华自然科学社 1939 年时已经组织西南科学考察活动,所以这次以西北地区的甘南川北地区作为科学考察区域。从为大后方经济建设提供科学参考和依据的目标出发来看,要实现这一目标,科学考察需要做到将有关自然环境方面的基础科学知识转化为应用科学知识。西北科学考察活动为此旨在形成关于甘南川北地区自然环境方面的基础科学知识,再将农业、牧业、林业与矿业范围内的生产实践方面的实用性问题作为研究取向,这就有必要围绕有关土地利用的科学规划研究方向来展开,实现对于有关甘南川北地区自然环境的基础科学知识向技术性知识的转化。这形成由西北科学考察活动来承载的对于科研工作方向之规划的局面,明确表达出以应用科学作为科研工作方向的科技布局蕴涵①。

其次,分组与人选部分指出,要做到将基础科学知识转化为应用科学知识,参与这次科学考察活动的社员必须在应用科学学科范围内发挥技术性

---

①　中华自然科学社西北科学考察团计划大纲[J].社闻,(55)(1941 年 4 月 15 日):7-9.

知识专长,为此确定农林植物与畜牧兽医这两个应用科学学科,作为发挥技术性知识专长的主干学科,体现在 1942 年出版的《中华自然科学社西北科学考察报告》的内容中,总共三篇专题报告以应用科学知识为主体,除题为《甘南川北之地形与人生》的报告侧重于基础科学与人文科学知识外,另外两篇报告分别题为《甘肃西南之森林》与《甘肃西南之畜牧》为题①,体现的是对应于农林植物与畜牧兽医这两个应用科学学科的应用科学知识,表明经由西北科学考察活动所承载的对于科研工作方向之规划,应用科学学科体系在这次科学考察活动中得到确立。

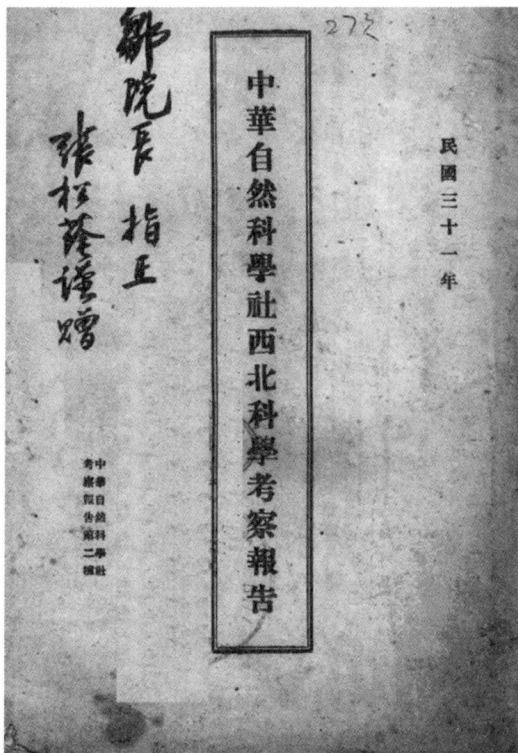

图 2-2 《中华自然科学社西北科学考察报告》(1941 年出版)封面页

① 中华自然科学社考察报告第二种·中华自然科学社西北科学考察报告[Z].地理学报,1942 年第 9 卷:目录.

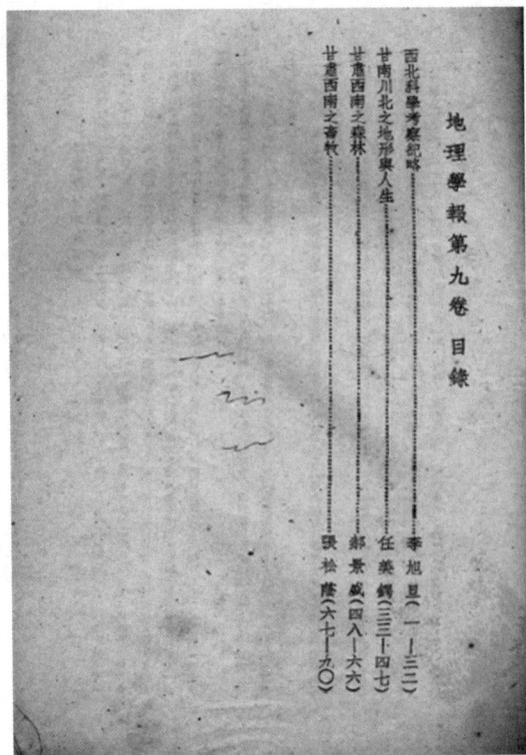

图2-3 《中华自然科学社西北科学考察报告》(1941年出版)目录页

2.2.2 应用科学学科知识在科学考察中的生产与应用

西康与西北科学考察活动的开展建立在应用科学学科体系得到确立的基础上,这使得应用科学方向的科研工作范式在科学考察活动开展的过程中成为所遵循的实践准则,因为根据本章引言部分论述,学科体系实质上是现代知识分类体系,在实现知识应用的过程中依靠范式机制所规定的实践准则得到运行,也就是学科知识生产与应用的规范准则,表征的是作为规范准则之体现的学科规训,意谓西康与西北科学考察活动是要从应用科学学科规训出发,遵循应用科学学科知识生产与应用的规范准则来开展。这一过程在这两次科学考察活动实践中呈现为两个方面,一是通过资源调查活动,形成相应的应用科学学科知识体系;另一则是表达应用科学学科知识体系对于大后方经济建设而言的应用价值。

2.2.2.1 资源调查活动与应用科学学科知识体系的形成

应用科学学科知识生产规范在学理上而言表现为应用研究,通过利用基础科学研究发现的有关事物内部规律性的科学原理,以处理有实用价值的科学问题为任务,形成对于技术应用具有启示性作用的知识体系,表现为旨在改造物质世界的途径、条件、手段与方法,具体来说就是以专利、新产品、新工艺、新材料等作为这一知识体系的表现形式[①]。由此而论西康与西北科学考察活动,这一科学考察活动的开展以应用科学学科体系作为基础,因此规制考察活动的性质属于应用研究方向,那么在应用科学学科体系的实践过程中,遵循应用科学学科知识生产规范,以改造物质世界的途径、条件、手段与方法作为目标,形成相应的应用科学学科知识体系,由资源调查活动具体承载。

在西康科学考察活动中,考察团运用农林植物与畜牧兽医这两个作为主要考察方向的应用科学学科,面向西康地区的资源调查展开应用研究实践,分别形成农林组报告与工程组报告,呈现出利用特定科学原理形成相应的应用科学学科知识的考察活动面相,体现在出版的《西康科学考察团报告书》中的农林组报告与工程组报告部分。农林组报告由《宁属植病所见》和《康南森林概况》两文组成,在《宁属植病所见》一文中,作者朱健人考察普通农业生产情形,分析了西康省所属于、宁两行政区域的经济植物栽植与受病情形;在《康南森林概况》一文中,作者杨衔晋考察西康省的森林资源,从西康省建设厅所制订的森林物产开发建设工作大纲出发,在科学层面提出了西康森林资源开发存在的两大具有实用性价值的科学问题,以及解决途径。

① 徐苗厚,张振国.从基础科学与应用科学之关系看发展我国基础研究的重要性[J].山东医科大学学报(社会科学版),1992(2):71.
李醒民.基础科学和应用科学的界定及其相互关联[J].上海大学学报(社会科学版),2011(2):52.
[加拿大]M.邦格.科学技术的价值判断与道德判断[J].吴晓江译.哲学译丛,1993(3):36-37.
姚传望.认识论与当代中国实践[M].香港:香港天马出版有限公司,2009:252.

工程组报告包括三篇文章,其中《康滇交通问题》《入康途中所见的几种工业》由曾昭抡撰写,《天全硫化铁矿调查报告》由陈篯熙撰写,从交通与矿产领域的应用科学原理出发,指出西康地区交通与工矿业开发途径,例如天全硫化铁矿调查就是从有关硫黄提炼应用科学原理之生产技术出发,提出对于康南地区硫化铁矿藏而言的开采及炼硫技术的改进途径①。可见经由《西康科学考察团报告书》,在具有实用价值的科学问题带动下,以改造物质世界的途径为内涵的应用科学学科知识体系得以形成。

在西北科学考察活动中,参与考察团的社员在农林植物与畜牧兽医这两个应用科学学科范围内,面向西北地区的资源调查展开应用研究实践,在相应形成的《甘肃西南之森林》与《甘肃西南之畜牧》报告中,分任相应考察工作的郝景盛与张松荫具体呈现实践形成的应用科学学科知识。郝景盛在《甘肃西南之森林》一文中,先是叙述甘肃西南地区森林植被稀少对于当地农田与公路的不利影响,指出造林实为规避这一不利影响的唯一途径;然后以造林作为有实用价值的科学问题,从林学领域的科学原理出发,考察关于卡车沟地区油松林与洮河南岸地区云杉的造林途径:作者从林相、树干、全林材积之生长与年龄等方面分析了油松林与云杉的科学属性,并比较卡车沟油松林与欧洲赤松林、洮河云杉与欧洲云杉生长的科学原理,总结出卡车沟地区油松林生长的问题在于幼年树龄的树木密度不够,影响生长数量,为此改善途径在于分树龄阶段确定造林与采伐部分;洮河南岸地区云杉生长的问题在于树木在幼年时密度太小,影响生长速度,所以改善途径也在于分树龄阶段确定造林与采伐部分,形成以改造物质世界的途径为内涵的应用科学学科知识②。张松荫在《甘肃西南之畜牧》一文中,根据甘肃西南地区地形与分区,从土地利用方式出发,将畜牧情形分为农牧与纯牧两种区域,按

---

① 3.农林组报告;4.工程组报告[C].中华自然科学社编行.科学世界号外·中华自然科学社西康科学考察团报告,1942:93-152.

② 中华自然科学社考察报告第二种·中华自然科学社西北科学考察报告[Z].地理学报,1942年第9卷:48-64.

照不同区域自然环境特征,考察不同土地利用方式承载的牧畜情形,包括家畜品种、饲养、管理、牧草、以羊毛为重点的畜产制造品与交易、兽疫等;最后提出对于甘肃西南畜牧改善途径具有实用价值的科学问题,形成以改造物质世界的条件为内涵的应用科学学科知识体系①。

2.2.2.2　应用科学学科知识体系在大后方经济建设中的应用价值

根据阎康年对于应用科学学科知识生成情形的科学史解析可知,应用科学学科知识体系的形成还会产生社会性影响,表现为通过应用科学学科知识体系对于基础科学与技术和产业之间的协变性连接,基础科学知识用于技术应用与生产实践的转化途径得以建立,例如经由近代的应用科学学科知识体系,牛顿力学、热力学与电磁理论等科学原理被应用于有关动力来源的技术问题,形成解决水动力、蒸汽动力和电动力的应用力学、热学与电学和磁学等,以及机械、化学与生物工程等;而经由现代的应用科学学科知识体系,核物理实现核能源的发现,布尔代数实现数字信息技术等的开发②。返视西康与西北科学考察活动,可知这种转化途径的建立体现在关于大后方资源调查的应用价值表达层面,也就是通过科学考察报告的结论部分,表达相应的应用科学学科知识体系应用于大后方经济建设的价值所在。

在《西康科学考察报告》中,作为本次科学考察团团长的社员曾昭抡撰写《曾团长序》一文指出:"关于此次考察所得,风俗人情部分,及一般的考察,有的已经在别处个别发表(注一)。本刊所载,纯以确有科学价值的专门论著为限。应请读者特别注意。"③他在这篇序言中并提及,确有科学价值者指的是形成对于西康开发有应用价值的科研成果。可见对于西康科学考察来说,应用科学学科知识体系的社会性影响体现在有关大后方建设的应用价值方面,以文字形式作为载体予以表达,这在报告中的《康滇交通问题》一

---

① 中华自然科学社考察报告第二种·中华自然科学社西北科学考察报告[Z].地理学报,1942 年第 9 卷:67 – 87.
② 阎康年.应用科学与应用科学革命[J].自然科学史研究,2007(3):426.
③ 曾昭抡.曾团长序[C].中华自然科学社编行.科学世界号外·中华自然科学社西康科学考察团报告,1942:3.

文中有显明的呈现。作者曾昭抡在文中指出,工程组社员根据公路工程原理,在路线行进途中考察由西康进入云南的"中路"的公路筑造环境情形,这一应用科学方面的考察对于大后方建设具有意义,对内可完善西康省交通网,助力西康开发以及大后方国防交通线建设;对外则可联通对于维持中国抗战具有意义的面向英美战时援助的国际交通线,这体现出关于"中路"的公路工程原理的社会性影响所在①。

在《西北科学考察报告》中,郝景盛与张松荫分别在《甘肃西南之森林》与《甘肃西南之畜牧》的结论中,对此予以表达。郝景盛的《甘肃西南之森林》一文的结论以"西北建设应走之途径"为标题,指出造林方面的应用科学学科知识体系的应用价值在于交通、水利与牧畜领域,因为对于大后方经济建设而言,交通建设质量维系经济建设成效,为此有必要运用文中所指出的造林途径实施造林工作,以此巩固交通线路基建设基础,实现交通便利,更能由此推进畜牧产品的贩售以及畜牧业的发展,并及于畜牧业发展所必需的山谷水利建设,呈现出造林方面的应用科学学科知识体系在大后方经济建设领域的价值所在②。张松荫的《甘肃西南之畜牧》一文的结论部分,论述畜牧学与西北牧业发展之间关联,指出畜牧方面的应用科学学科知识体系的应用价值在于畜产品制造工业领域,因为畜产品制造工业的发展的意义在于经由贸易体系增加当地的经济收益,对于大后方经济建设方面的边疆开发而言实属重要,因此按照文中所述的畜牧方面的应用科学学科知识体系改良当地畜牧业,应成为发展畜产品制造工业的标准,呈现出畜牧方面的应用科学学科知识体系在大后方经济建设领域的价值所在③。

---

① 工程组报告(上).曾昭抡.康颠交通问题[C].中华自然科学社编行.科学世界号外·中华自然科学社西康科学考察团报告,1942:132 – 142.
② 中华自然科学社考察报告第二种·中华自然科学社西北科学考察报告[Z].地理学报,1942 年第 9 卷:64 – 66.
③ 中华自然科学社考察报告第二种·中华自然科学社西北科学考察报告[Z].地理学报,1942 年第 9 卷:87 – 89.

2.3 科学普及确立应用科学学科规训原则

《科学世界》的编辑方针从 1939 年起发生转向,侧重于以通俗性的科普文章为载体,发表大后方科学界所开展的适应抗战建国时代要求的科学研究成果,这在 1939 年第 8 卷第 1 期的《今后的本刊》一文中得到说明。这篇文章先是重述《科学世界》在 1938 年 5 月复刊时提出的三项编辑方针,然后论及从第 8 卷开始的编辑方针转向情形:

> 今后本刊对于这三种目标,仍旧遵守不逾,但在目前的出版界中,本刊所负的使命非常繁重,所以我们在取材的轻重上也不能不略有变动,就是,我们希望今后关于抗战与建国两方面的材料,须得平均配备。具体一点说,就是我们应同时注意于(一)基本科学知识的灌输,和(二)科学研究材料的介绍。总之我们希望本刊不仅徒供茶余酒后的消遣,还要它在中国科学进步的过程中留一线相当痕迹①。

编辑方针的这一转向对于中华自然科学社的科学普及产生深刻影响,体现在经由《科学世界》,中华自然科学社塑造出以应用科学学科知识为内涵的国内科学新知传播效应,并且在塑造过程中,将经由科技布局构建的应用科学学科规训转化为一贯致力的科学普及原则,也就是成为社团从科研工作出发开展科学普及遵循的原则,以 1941 年《科学世界·川康建设特辑》为代表,表征中华自然科学社建立起科学普及的应用科学学科规训原则。

2.3.1 《科学世界》塑造应用科学新知传播效应

1939—1941 年,《科学世界》8—10 卷共发表科普文章 116 篇,其中以基本科学知识的灌输为主题的文章数量为 65 篇,在科普文章总数中占比56% ;以大后方科学研究为来源的科学研究材料的介绍为主题的文章数量

---

① 编者.今后的本刊[J].中华自然科学社编行.科学世界,1939,8(1).

达到51篇,在科普文章总数中占比44%[①]。这一时期的《科学世界》以超过四成的篇幅来发表科研工作方面的科普文章,说明社员从科研工作出发开展科学普及已经成为科普社务中的一个稳定的方向。这一方向的形成事实上源于社员关于自身社会角色在抗战时代的认知。具体来说,《科学世界》1941年10卷1期发表《本刊之使命及今后之本刊——代卷首语》,指出中华自然科学社社员认识到,"抗战与建国为我举国一致努力之目标,本社乃自然科学者之团体,其应负之责任更钜。本刊过去数年中对此已效绵力。今后自更求增进"[②]。这是对于《科学世界》第8卷以来编辑方针转向情形的直接回应,结合1.3节有关中华自然科学社社员责任伦理的学理论述,也就是从科研工作出发开展科学普及是社员关于自身社会角色的认知,可知《科学世界》之所以发表以大后方科学研究为来源的相应科普文章,是他们自身社会角色意识在抗战中演绎出的必然要求。进而言之,从本书前述《科学世

---

① 1938—1945年,受到大后方社会条件的影响,《科学世界》的发行不甚规范。首先,根据《19年来的科学世界》一文(《科学世界》,1950年19卷6期)的历史回顾,该刊在这一时期的发行情形为:1938年:第7卷共8期;1939年:第8卷共4期;1940年:第9卷共7期;1941年:第10卷共6期;1942年:第11卷共6期;1943—1945年:第12—14卷共6期。其次,根据1961年出版的《全国中文期刊联合目录(1833—1949)》记载,当时国内图书馆所藏《科学世界》的具体卷期数为:1938年:第7卷1—8期,1939年:第8卷1—4期,1940年:第9卷1—7期,1941年:第10卷1—6期,1942年:第11卷1—6期,1943年:第12卷1—6期,1944年:第13卷1—2期,1945年:第14卷1—2期。第三,根据本书作者通过大成老旧资源库与国家图书馆中的民国期刊库搜集到的《科学世界》发行卷期数,发现1938—1942年该刊发行卷期数与上述两类资料中的记载相同,1943年发行第12卷1—6期,与《全国中文期刊联合目录(1933—1949)》的记载相符,与《19年来的科学世界》一文所记载的不符。1944—1945年,该刊仅于1944年8月出版了第13卷第1期,于1945年4月出版了第13卷第2期,与上述两类资料中的相关记载不符。1945年第14卷1—2期则付之阙如。基于资料比对,本书认为,1938—1945年,《科学世界》发行卷期数应为:1938年:第7卷1—8期;1939年:第8卷1—4期;1940年:第9卷1—7期;1941年:第10卷1—6期;1942年:第11卷1—6期;1943年:第12卷1—6期;1944年8月—1945年4月:第13卷1—2期;1945年5月—1945年12月:第14卷1—2期。因此,本书作者现有的1939—1941年间的《科学世界》卷期数文本完全,相应的统计数据也是完全统计。参见:19年来的科学世界[J],中华自然科学社编印.科学世界.第19卷第6期,1950年9月号:134.
全国第一中心图书馆委员会,全国图书联合目录编辑组编.全国中文期刊联合目录(1833—1949)[G].北京:北京图书馆出版,1961;《科学世界》月刊,南京中华自然科学社,1-19:6,1932.11-1950.12部分.

② 编辑委员会.本刊之使命及今后之本刊——代卷首语[J].中华自然科学社编行.科学世界,1941,10(1):1-2.

界》作为中华自然科学社战时科学工作之组成部分来看,这一方向的形成表明在社务活动中,应用科学方向的科技布局规训科研工作对于科学普及发生影响,塑造出以应用科学学科知识为重心的大后方科学新知传播效应。

2.3.1.1 以应用科学学科知识为重心的大后方科学新知传播效应塑造

根据本书2.2.1.1节中所列出的民国学科分布情形,以及这些学科从属于基础科学学科与应用科学学科的学理依据,在上述51篇以大后方科研工作材料为主题的文章中,据本书统计,其中分别有16篇属于基础科学学科,占比31%,35篇属于应用科学学科,占比69%(见表2-1),表明这类型文章以应用科学学科为主体。因此这类型文章所要普及的大后方科学研究材料主体主要来自应用科学学科,按照2.2.1.1节所述,应用科学学科的研究对象为相关领域的实用性问题,那么可以认为,大后方科学研究材料以大后方相关领域的实用性问题为研究对象,旨在提供对于生产实践而言具有应用功能的转化自自然科学知识的技术性知识。

应用科学方向的科研工作的开展在根本上源于相关技术性知识的缺乏,所形成的技术性知识对于相关领域的实用性问题之解决而言具有创新性,也就是M.邦格所言,"像基础科学一样,应用科学旨在增加知识"①。所以《科学世界》刊载以大后方科研工作材料为主题的文章具有深层意义,通过刊物本身的科学普及效应,传播有关大后方应用科学方面最新研究所取得的具有创新性的技术性知识,本书将这一效应称之为以应用科学学科知识为重心的大后方科技新知传播。

---

① [加拿大]M.邦格.科学技术的价值判断与道德判断[J].吴晓江译.哲学译丛,1993(3):36.

表 2-1 《科学世界》中以大后方科学研究材料为主题的文章所属学科统计
(1939—1941)

学科大类	具体学科	篇　数	百分比
自然科学	天文学	2	31%
	动物学	1	
	植物学	3	
	普通生物学	5	
	化　学	1	
	地质学	2	
	地理学	1	
	气象学	1	
医药卫生	卫生学	4	69%
	药　学	3	
工业技术	建筑科学	1	
	动力工程	5	
	化学工业	1	
农业科学	农作物	11	
	林　业	3	
	农业基础科学	4	
	兽　医	1	
	农业工程	1	
	畜　牧	1	
总　数	19	51	100%

（基于《民国时期总书目》的学科分类目次制定）

如表 2-1 所示，以应用科学学科知识为重心的大后方科学新知传播效应本身亦有承载结构，表现为以医药卫生、工业技术与农业科学学科组成大后方科技新知传播结构，在抗战初期至大后方科技工作者于 1942 年前后开始关注基础科学研究之前时期，这是大后方科学界所开展的应用科学学科为方向的科技布局情形，在民国生物学家张孟闻关于大后方应用科学方向的科研工作情形的记载中,这一情形也得到真切反映:"抗战初期,目光集中于军事工程、交通与医药;稍后则移注于长期的建设,于是探矿、化工、农垦方面也发展起来。"①

表2-1并显示,属于农业科学学科的文章数量达到21篇,而医药卫生与工业技术方面的文章数量则仅分别为8篇与7篇,表明农业科学学科方面的科技新知普及占据主导地位,这主要源于为避免重庆之遭受日军频繁空袭致刊物出版工作难以正常运转的情形,《科学世界》从1941年第10卷起移至成都出版,第10卷卷首语《本刊之使命及今后之本刊——代卷首语》一文指出,移至成都出版将寻求通过科学普及促进对于抗战建国具有重要意义的川康建设②。第10卷《编后记》用全卷文章数量指标具体说明这一点,指出《科学世界》向来以自由投稿作为原则,在本卷中发表的文章中,无论是在基本科技知识灌输方面,还是在大后方科研工作材料方面,以农业科学方面的文章数量最多③,说明大后方科技工作者对于川康建设的关注焦点在于农林畜资源的科学利用问题。事实上,第10卷总共6期发表了15篇农业科学学科方面的文章,相比之下,第8—9卷则共发表6篇相关方面的文章,凸出农业科学学科的科技新知传播效应。在这一编辑方针指导下,适合川康建设所倚赖的物产条件之农林畜资源的科学利用问题成为焦点,例如在《川康农田水利与抗战建国》(10卷5期)一文中,作者就指出:

> 川康两省,为我后方首善之区,气候温和,雨量充足,土地肥沃,民勤耕作,物产富饶,素称"天府之国"。抗战以还,更誉为民族复兴之根据地。故川康两省,对于支持国家抗战大计,供应军糈民食,实负重大之使命④。

2.3.1.2 塑造背景:提倡应用科学方向的科技布局规训科学研究

在65篇以基本科技知识的灌输为主题的文章中,据本书按照全维度科

---

① 张孟闻.现代科学在中国的发展[M].上海:民本出版公司,1948:32.

② 编辑委员会.本刊之使命及今后之本刊——代卷首语[J].中华自然科学社编行.科学世界,1941,10(1):1.

③ 编辑委员会.编后记[J].中华自然科学社编行.科学世界,1941,10(1):408.

④ 徐百川.川康农田水利与抗战建国[J].中华自然科学社编行.科学世界,1941,10(5):251.

普理念所进行的统计,其中以对科学文化理解能力的培养为主题的文章数量最少,仅有 15 篇,占比为 23%;其余两方面主题的文章数量则相对平衡,表现为对科学知识体系理解能力的培养为主题的文章数量为 26 篇,对应用性科技知识运用能力的培养为主题的文章数量为 24 篇,分别占比 40% 与 37%。虽然以对科学文化理解能力的培养为主题的文章并非科普文章主体,但是根据 1.2.1.1 节论述的对科学文化理解能力的培养意涵,可知这方面的培养指向价值观层面,令科普受众在思想、精神与道德层面生成具有相关性的两方面之认识,一是有关科学的知识论认识,包括科研工作的一般性方法及所产生的科技知识的认识论意蕴,另一则是有关科研工作的社会意义认识,包括科研工作本身的道德规范与科技知识所反映的道德价值取向,以及科研这一知识创新活动与人类社会发展之间的正向关系,表明以对科学文化理解能力的培养为主题的文章具有基础性作用。这说明:当时社员从科研工作材料本身作为科技知识在抗战建国中的价值出发,形成对于科学普及与抗战建国的一般性理解。在抗战建国的时代要求之下,作为科普知识的科研工作材料的生成与社会意义具有适合这一要求的正向价值,正是他们将科研工作材料的介绍作为科普社务中一个稳定的方向的原因。这呈现为战时科学研究围绕抗战建国展开所生成的科技知识的科普意蕴。

据本书统计,在全部 15 篇以对科学文化理解能力的培养为主题的文章中,有 5 篇文章以近代以来西方著名科学家与技术发明家为主题,致力于以科学史传文体,铺陈科学事业与相应生成的科学知识在抗战建国事业中的社会意义,例如艾华瀋所写的《捷克一化学家传略》,叙述捷克著名化学家布朗奈的化学研究事迹,通过追念前贤来表达对于在当时世界上处于科学水平前列的捷克亡国的痛惜,借以引起大后方社会对于捷克因失去抗战自卫信心而亡国的深省,增强大后方民众对于通过增进与应用科技知识来实现抗战建国事业信念的信心[①];有两篇文章以基础科学方向的科研工作规律及其社会意义作为主题,旨在因应大后方科学教育最新形势,当时迁至重庆的

---

① 艾华瀋.捷克一化学家传略[J].中华自然科学社编行.科学世界,1939,8(4):152-155.

国民政府教育部向大后方社会公布公共必修科目,旨在培养大后方青年的广博的科技知识基础,为他们接受大学理工科专门高等教育提供必要的基本科技知识训练①;还有8篇文章则从抗战建国事业需要应用科学学科知识出发,认为在对于基础科学与应用科学对于抗战建国事业同样具有价值的认识上,应以应用科学学科知识的生成来规划大后方科研机构的科研工作方向,从而建立与加强科学研究与抗战建国之间的联系。

社长胡焕庸发表的《科学工作与抗战工作之联系》一文可为代表。文章简明扼要指出,科技知识生产推动社会进步的表现就是在近代文明的演进方面,以建立在应用科学学科知识基础上的工艺对于物质与精神文化的推动为表征,因此当应用科学学科知识被帝国主义者用来发动侵略战争之时,那么作为反侵略的一方也要以应用科学学科知识来提升国家的各方面国力,要求在科研工作与抗战建国事业之间建立合理的联系,关键在于合理分配大后方科技工作者:基础科学研究机构必须保留最低限度的科技工作者,从事作为应用科学方向的科研工作开展之前提的基础科学研究与教育工作;军队、工厂、企业与政府则为发展新兴事业需要应用科学方向的专门研究,要求大后方科技工作者在将研究方向与资源转向这种要求的同时,也要求军队、工厂、企业与政府学会与科研机构合作,开展具有经济成效的应用科学方向的科研工作②。

综上所述,中华自然科学社社员对于科学普及与抗战建国的一般性理解在于,科研工作围绕抗战建国展开应通过科技布局实现以应用科学为方

---

① 李方训.各科学间关系之检讨[J].中华自然科学社编行.科学世界,1941,10(3):115-116.
　蒋允功.量子力学与自然辩证法[J].中华自然科学社编行.科学世界,1941,10(6):351-356.
　注:例如《各科学间关系之检讨》一文指出,之所以阐明最近时期的基础科学发展遵循各门学科相结合形成交叉研究趋势,源于中华自然科学社成都分社在1940年开展名为"现代科学讨论会"的活动,阐明基础科学领域中各门学科知见的相互关系,旨在利用自身作为综合性科学社团具有集中各门类科学学科专家的结构优势,且所属分社社员均集中工作于成都华西坝五所大学易于召集的组织优势,为大后方青年学子奠定广博的科学知识基础提供必要的参考。而《量子力学与自然辩证法》一文虽然并没有注明源于这一社会背景,但是提到作为现代基础科学基础理论的量子力学是以现代哲学认识论作为背景的,也旨在阐明基础科学的发展规律,与《各科学间关系之检讨》一文旨趣相同,并发表在同卷,可能也是上述当时社会背景下的产物。
② 胡焕庸.科学工作与抗战工作之联系[J].中华自然科学社编行.科学世界,1941,10(2):59-61.

向,生成适应抗战建国时代要求的应用科学学科知识。这种理解在塑造出以应用科学学科知识为重心的科技新知传播效应的同时,也表达对于应用科学方向的科技布局来规训科研工作的提倡,使得应用科学规训成为科学普及原则。

2.3.2 《川康建设特辑》表征应用科学学科规训原则

《川康建设特辑》是以专号形式出版的《科学世界》10 卷 5 期的主题名称,表达的是刊物本身对于促进川康建设的旨意,在《科学世界》编辑委员会①于 1941 年上半年移至成都工作时已得到规划。先是在 2 月 20 日出版的第 10 卷第 1 期的卷首语一文中,编辑委员会指出,作为负有促进抗战建国事业之时代使命责任的综合性科学社团,中华自然科学社在将《科学世界》移至成都出版后,将结合成都所属的四川一省与临近的西康省在抗战建国事业中的特殊地位情形,依托刊物的科普功能促进川康建设工作的开展:"川康建设乃建国历程中之重要者,本刊除注重一般原理与应用之论述外,拟更对川康建设之促进,效其微劳。"②然后在 4 月 15 日出版的《社闻》55 期中,编辑委员会刊发启事一则,向社员指出第 10 卷《科学世界》拟在 8 月份的第 5 期出版一期专号,名为《川康建设特辑》,旨在对于抗战建国事业中的具体问题做出具有实用性与可行性的科普方面贡献,为此向在川康建设事业方面有所研究的社员征文,呼吁社员寄来对川康建设事业各方面具有新颖之建议与充实之材料的科普文章③。

《川康建设特辑》的出版显明地呈现出应用科学学科规训,因为从有关川康建设事业中的具体问题切入,提出以研究为基础的建议与材料,这本身

---

① 《科学世界》从 1932 年第 1 期开始发行以来,一直由中华自然科学社总社设置的《科学世界》编辑部这一机构来负责组稿与出版发行事务。到 1941 年 1 月 15 日,经由 1940 年十三届年会选举产生的第十四届社务会理事举行第二次社务会,议决通过由总社社会服务部提议的将编辑部改称为编辑委员会之议案,《科学世界》的组稿与出版发行事务机构由此改称为《科学世界》编辑委员会。参见:第十四届第二次社务会议记录[J].社闻,(55)(1941 年 4 月 15 日):3.

② 编辑委员会.本刊之使命及今后之本刊[J].中华自然科学社编行.科学世界,1941,10(1):2.

③ 科学世界编辑委员会启事[J].社闻,(55)(1941 年 4 月 15 日):18.

就是应用科学学科知识生产与应用的客观表现,显示出从科研工作出发开展科学普及这一现象。而在经由对于这一特辑中文章的详细分析可知,将应用科学学科知识生产与应用转化为科学普及之时,应用科学学科规训成为所遵循的科学普及原则,这体现在两个方面,一是应用科学学科知识生产规范;另一则是应用科学学科知识应用规范。

2.3.2.1 川康建设题材的应用科学行文逻辑

《川康建设专辑》汇聚了不同题材的科普文章,包括农业、林业、工业与畜牧业等四个领域题材。(表2-2)这些科普文章均指出川康建设事业在相关方面存在的问题,以及从所对应的学科的科研工作范式出发能够提供的改进措施所在,旨在通过对于处理实际问题的科研工作情形的论述,提供相应的技术性知识。可知其中所论及的科研工作实质上从属于应用科学方向的科研工作,所提供的改进措施实质上是应用科学学科知识。根据本书2.2.2.1节中关于应用科学方向的科研工作情形的学理界说,这些科普文章的行文逻辑体现出对于应用科学学科知识生产规范的遵循,可以详细介绍研究过程的《四川梨品种之授粉研究》的行文内容加以论述。

表2-2 《科学世界·川康建设特辑》(10卷5期)科普文章的题材与学科

题　材	篇名(作者)	学　科
农　业	川康农田水利与抗战建国(徐百川)	农业工程
	四川盆地中之紫色土(刘海蓬)	农业基础科学
	川康白蜡改进刍议(曾省)	农作物
	四川梨栽培品种之授粉研究(胡昌炽)	农作物
	川康之经济植物(方文培)*	农作物
林　业	论川康木材工业(唐燿)	林　业
	川康木材干馏工业之回顾与前瞻(钱宝钧)	林　业
	开发川康森林中的天然造林问题之商讨(程跻云)	林业
工　业	川康之动力建设(顾怀曾)	动力工程
畜牧业	川康两省畜牧概况(姜玉舫)	畜　牧

*注:《川康之经济植物》发表在 10 卷 6 期中。本书之所以将这篇文章纳入《川康建设特辑》中,原因在于特辑末页附有《本刊附启》一文,指出特辑尚有三篇论文因为篇幅关系未能纳入,只好延缓发表,其中包括地质矿产、经济植物及公共卫生事业。通过检索10 卷 5 期以后的刊物文章,本书发现只有《川康之经济植物》一文属于上述附启中的说明情况,因此将这篇文章纳入表中。

《四川梨品种之授粉研究》一文作者胡昌炽在绪论中说明为文旨意时指出,梨树在四川省农作物中是具有重要性的经济作物,特别是汉源、金川、苍溪与简阳的梨树品种颇为著名,值得推广种植。但是在推广种植过程中,对于这些梨树品种的授粉性质与果实品质应具有相当之了解,因为梨树具有自花不结实属性,为此胡昌炽依托金陵大学农学院的有利研究条件,在成都华西大学果园展开相应从属于农作物学科科学研究范式的实验,将研究成绩作为科普内容发表,以有助于将梨品种在四川一省的种植改进措施普及开来。正文部分则分为若干部分,先从实验材料开始,说明上述梨树品种作为实验材料的缘由在于具有强度的自花不结实性,然后在实验目的部分说明四项目的所在,包括:1. 自花不结实性之检查;2. 选择适合授粉的梨树品种;3. 授粉时期与梨树品种结实率之关系;4. 人工与自然授粉结实率之比较。再在梨树品种授粉研究方法部分说明所用的人工与自然授粉方法类别,包括自花授粉、他花授粉与自然授粉,并对于各种授粉方法的结实率进行检查;同时在实验成绩部分,以表格的形式列出不同品种梨树的人工与自然授粉结实率的比较结果;最后指出实验结论表明,人工授粉比之于自然授粉结实率高,上述梨树品种的推广种植需要用作为人工授粉方法之应用的授粉树混栽方法,对于这些梨树品种在推广种植过程中的实际栽培具有应用价值①。

从《四川梨品种之授粉研究》一文的行文内容来看,这篇文章的行文逻辑首先是从自花不结实性这一所选梨树品种的科学原理展开,以规避这一在梨树的种植实践中具有不利影响的科学原理作为科学问题,通过一系列

---

① 胡昌炽. 四川栽培梨品种之授粉研究[J]. 中华自然科学社编行. 科学世界,1941,10(5):311 - 318.

选择性实验比对出可行的规避方案,并提出来作为改进措施所内在的知识体系,形成具有实用价值的可推广的改进方法。这体现出的是应用科学学科知识生产规范,表明对于应用科学学科知识生产规范的遵循。

2.3.2.2　川康建设文章结论中的应用科学规范

本书在 2.2.2.2 节已经指出,应用科学学科知识应用规范体现在自然科学知识向技术应用的转化方面,在中华自然科学社展开的大后方资源调查中体现于科学考察报告中,表达对于大后方经济建设而言,经由大后方资源调查而形成的应用科学学科知识体系所具有的应用价值。在《川康建设特辑》中,对于这种转化在川康建设事业中的经济价值在每篇文章的结论部分均有所论述,表达了这种转化在西康经济建设中的应用价值,体现出对于应用科学学科知识应用规范的遵循。

根据本书对于表 2－2 所列出的特辑中科普文章的考察,作者普遍在结论中表达的是特定的应用科学学科知识经由转化产生的应用价值,通常将这种转化及其应用价值呈现为一种关于川康天然物产的人工利用原则。

这可以社员钱宝钧撰写的《川康木材干馏工业之回顾与前瞻》一文来说明。钱宝钧在文中指出,川康地区森林资源丰富,有利于伐木工业的建设与发展,其中木材干馏是使得伐木工业能够合理利用森林资源的有效途径之一,为此论述木材干馏的科学原理与技术转化情形,木材干馏途径就是将木材用例如炭化与蒸馏等化学原理进行化工中的单元处理,形成木材干馏法这种化学品制造工艺,用于制造醋酸、木精与丙酮等化学品,最后在结论中指出川康森林木材的干馏原则在于,通过这些化学品的制造形成伐木工业的副产品制造工业,为大后方工业建设提供具有经济价值的化学原料[①]。

2.4　本章小结

从科技工作者职业伦理规范的学理来看,在 1938—1941 年间,中华自然

---

① 钱宝钧. 川康木材干馏工业之回顾与前瞻[J]. 中华自然科学社编行. 科学世界,1941,10(5):269
　－276.

科学社开展适应抗战建国时代要求的应用科学方面的研究与普及工作，背后体现的历史逻辑是责任伦理的学科规训化，来自科技工作者职业遵循的职业主义的体制化运行逻辑，表征民国综合性科学社团围绕科技知识的学科规训制度化的体制化路径。

　　之所以责任伦理的学科规训化成为上述科学社会史事实背后的历史逻辑，原因在于，责任伦理是对于启蒙运动以来社会理性化进程中理性道德化而言的综括理念，具有下述涵义：首先指的是理性成为现代社会的道德原则这一伦理事实，以及所蕴涵的意义在于指示出作为现代社会的道德原则，理性使得道德原则所关联的伦理价值发生转变，理性本身成为现代社会所有活动的最高价值，因为社会理性化使得现代社会生活意义从根本上来说完全由理性来诠释，因此理性取代前现代的神论观念成为具有规定性的伦理价值判断准则；其次，由于人类社会价值判断的规定性是以确定性的规则为形式的，而责任是作为确定性的道德原则的表现形式，所以责任先在地具有伦理价值意蕴，然而只有在理性本身成为现代社会最高的伦理价值之时，责任才会凸显伦理价值蕴涵从而演绎为责任伦理，因为理性作为最高伦理价值使得道德原则在人类历史上第一次具有客观性，理性揭示出规定具有客观属性的社会运行的自然规律，以及规定具有客观属性的人类本身行为的客观规律，因此理性在为现代社会提供道德原则时以责任伦理作为表现形式；最后，伦理价值的客观性属性令责任伦理的道德原则意义指向职业这一现代社会活动，在现代社会中，职业是理性这一道德原则得到最为完整体现的领域，而理性在伦理价值方面的客观性属性要求现代人对于自己行为完全负责，对于动机、目的与手段等行为所包含的所有因素完全承担责任，也就是完全从理性所规定的客观规律出发来规制行为在道德方面的确定性，由于职业使得现代人从行动的动机、目的与手段等所有方面都遵循理性，服从客观规律，所以理性的伦理价值只有在职业中才能充分实现，其中科技工作者这一职业是为典型代表，表现为动机在于遵从理性的要求认识客观规律，目的在于形成客观的理性化知识与通过这种知识促进技术进步以运用客观规律,手段则在于客观的科学方法论①。这就令作为学科知识生产与应用规范准则的学科规训成为责任伦理的表达方式,那么作为责任伦理的充分实现载体,职业的运行则通过专业化知识的运用展现学科规训在其中的本质规定性,也就是专业化知识本身的范式意蕴。

进一步来说,科技工作者职业遵循职业主义的体制化运行逻辑具有一定的学理渊源。从科学研究出发开展科学普及意谓科技工作者职业实践理性主义的意识形态路径,在职业主义看来,职业本身的体制化进程是以职业所宣称的价值作为合理性来源的,能够带给职业本身的体制化进程以社会认可,由于职业所宣称的价值就是职业工作的内涵之专业化知识运用的意义和目的,而专业化知识运用的意义和目的指向的是知识在社会运行过程中的确切作用,也就是专业化知识背后的学科体系获取社会认可所依靠的学科规训作用:在基本原理层面上规定专业化知识对于社会特定领域的控制作用,这表明专业化知识运用的意义和目的在本质上起到的是意识形态作用:规定人类对于社会运行的根本性看法,因此在近代以来西方社会理性化趋势之下,专业化知识的运用的意识形态核心体现为职业工作不仅在于谋生,而且具有实现理性化的道德追求这一伦理属性,例如韦伯的天职观念,所以职业本身的体制化进程由表征专业化知识运用的客观规律来主导与支配,体现出专业化知识运用的意识形态作用的意义在于与社会理性化趋势一致,从而获致以理性作为伦理价值所在的社会认可,职业主义理论的提出者艾略特·弗里德森(Eliot Freidson)则进而指出,这是通过对于职业工作的组织起到构建性作用的规则和规范来实现的,而这些规则和规范则来自专业化知识背后的学科体系,服从表征专业化知识运用的客观规律②。那么由此具体到科技工作者职业来说,结合责任伦理的学科规训化内涵可知,科技工作者职业工作是以作为规则和规范的体现之学科规训来组织的,综

---

① 冯钢.责任伦理与信念伦理:韦伯伦理思想中的康德主义[J].社会学研究,2001(4):32-38.
  潘自勉.理性与生活意义——关于责任伦理的思考[J].广东社会科学,1991(3):41-48.
② Eliot Freidson. Professionalism:The Third Logic[M]. Cambridge:Polity Press,2001:105-117、141-146.

括而言是通过学科内在的范式运行机制来组织的,并在此过程中表达科技工作者职业内在的责任伦理,展现科技工作者职业所遵循的职业主义的体制化运行逻辑。

第三章 责任伦理的基础科学学科
规训化实践(1942—1945)

从 1942 年开始,直至 1945 年抗战结束,迁移至大后方的中华自然科学社社务活动发生转向,不再开展应用科学方面的大后方科学考察活动,转向致力于恢复大后方科技工作者与同盟国之英美科学界联系的中外科学交流活动,以介绍大后方原创性科研工作进展于英美科学界作为活动的主要方向,体现在创刊面向英美科学界发行综合性英文科学刊物《中国科学通讯》,作为大后方原创性科研工作进展持续交流到世界主要科学界的重要渠道。这令大后方科研工作中原创性进展集中领域的基础科学学科得到凸显,成为这一时期中华自然科学社发展中国科技事业的主要方向所在,并展现出中华自然科学社社员在大后方从事基础科学研究方面的科技布局情形,这进而对于社团的科学普及活动产生学科规训影响。从 1942 年开始,总社确定将发展科学教育作为社务活动新方向,使得对于科学教育具有学科规训意蕴的基础科学学科作为发展方向局面形成,经由中华自然科学社社员当时从事基础科学研究所形成的科技布局来呈现。中华自然科学社在这一时期发展科学教育以社员普及科学新知为内容,引致 1942—1945 年期间《科学世界》所承载的科学普及活动学科规训化,以社员在基础科学研究方面形成的基础科学学科规训作为具体内涵所在。综括而言,这一时期,中华自然科学社社员从科研工作出发开展科学普及的责任伦理出现规训化转向,从应用科学学科规训转向基础科学学科规训。

3.1　基础科学方向的科技布局的展现

《中国科学通讯》是抗战时期在大后方创刊的综合性英文科学刊物,英文名称为 *Acta Brevia Sinensia*,面向英、美科学界发行,报道大后方科学之进展。由中华自然科学社于 1942 年开始编辑,先是由社团自行对外发行,后于 1943 年交李约瑟领导的中英科学合作馆发行,直至抗战结束时的 1945 年 9 月,共刊行 10 期,在当时的中外科学交流中发挥了与 *Nature* 相似的作用。根据中华自然科学社社史资料中的相关记载可知,这一刊物是在战时中外科技交流日渐停滞的背景下创刊的,通过统计征稿情形与所刊论文的学科属性,可知本刊主要反映了处于大后方的中华自然科学社社员在基础科学研究方面的进展,显示中华自然科学社在大后方发展中国科研工作方面以基础科学作为主要方向,展现出一种基础科学方向的科技布局情形。

3.1.1　《中国科学通讯》与发展中国科研工作的社务活动

《中国科学通讯》是在当时大后方特定的科技事业发展局面中刊行的,旨在改善全面抗战以来大后方对外科技交流的停滞状态。根据社员沈其益①与朱树屏②在 1943 年上半年的两次通信可知③,社团计划出版一种名为《科学纪新》的刊物,用于向大后方输入国外科学新知;同时创刊《中国科学通讯》,用于大后方科技进展的对外交流。而社团社史则显示,《科学纪新》并没有能够得到出版,《中国科学通讯》则顺利刊行④。

---

① 沈其益(1909—2006),湖南长沙人,植物病理学家,抗战期间在中央大学生物系任教,1940—1943 年间担任中华自然科学社总务部主任。
② 朱树屏(1907—1976),山东昌邑人,海洋生态学家与水产学家,抗战期间在英国从事科研工作,1942—1943 年间担任中华自然科学社设于英国的英伦分社负责人。
③ 日月,朱谨.朱树屏信札[M].北京:海洋出版社,2007:68、69、84、85.
④ 沈其益,杨浪明.中华自然科学社简史[J].中国科技史料,1982(2):61-63.

3.1.1.1　大后方对外科技交流的停滞与《中国科学通讯》的刊行缘起

《中国科学通讯》是在特定的时代背景中创刊的,包括:1.印支通道与滇缅公路先后被日军封锁,导致国外科学新知输入大后方的活动渐趋停滞;2.大后方科学界在发表科学论文方面遭受客观环境的限制,导致他们的研究成绩难以被介绍至国外科学界。

抗日战争全面爆发后,迁移至大后方的学术机关在战前所保存的学术文献损失严重①,为改善这一局面,大后方学术界开展了主要面向英、美两国的学术文献请援活动,先后通过大后方的对外交通补给线之印支通道②与滇缅公路进行。这首先由中华图书馆协会与战时图书征集委员会主导进行③,通过印支通道输入国外学术文献。从 1937 年 10 月起,中华图书馆协会以各大学图书馆所需的学术文献作为请援内容④,以美国为主要请援对象国,最先发起学术文献请援活动。据史料记载,该协会所募集的学术文献先由美方运至香港的北平图书馆办事处,再通过印支通道转运入滇⑤。例如该协会之前向美国所募集的 10000 余册图书在 1939 年运抵香港后,即陆续由印支通道的起点之越南海防运往昆明⑥。战时图书征集委员会则从 1939 年起统一办理大后方的学术文献请援活动,以英、美两国作为主要请援对象国,明确规定以印支通道作为运输路线:美国所捐赠的学术文献依然委托中华图书馆协会办理运输事宜,由香港经海防运往昆明;英国所捐赠的学术文献则

---

① 战时图书征集委员会征书缘起[C].中国社会科学院近代史研究所中华民国史研究室.胡适来往书信选.北京:社会科学文献出版社,2013:690.

② 刘卫东.抗战前期国民政府对印支通道的经营[J].近代史研究,1998(5):121 – 150.

③ 全国学术机关团体组织战时征集图书委员会[J].中华图书馆协会会报,1939,13(5):11 – 12.

④ 本会呈覆教部存港图书救济范围[J].中华图书馆协会会报,1940,14(5):11.

⑤ 冯凡.北京图书馆创办人袁同礼[M].河北省政协文史资料委员会.河北历史名人传·科技教育卷.石家庄:河北人民出版社,1997:326.

⑥ 本会呈覆教部存港图书救济范围[J].中华图书馆协会会报,1940,14(5):11.
本会呈请教育部续予经费补助[J].中华图书馆协会会报,1940,14(5):10.

在抵达海防后,由教育部出版品国际交换处负责运往该处设于昆明的办事处①。然而日本军政当局于 1938 年秋季调整对华作战目标,决意切断大后方的对外交通补给线,这导致印支通道此后逐渐被日军封锁,最终由于日军于 1940 年 9 月占领海防而被彻底封锁②。印支通道遭遇彻底被封锁的命运后,大后方学术界于 1941 年也曾利用滇缅公路输入国外学术新知,但由于日军于 1942 年 5 月封锁滇缅公路,这一活动收效甚微。著名科学家卢于道曾回忆道:"在民国三十年,教育部曾两度向各大学及专科学校分派美金,向国外添购图书仪器。自仰光失守后,多数已购之图书仪器,或中途损失,或未能再来,此亦是一个打击。"③由于印支通道与滇缅公路相继为日军所封锁,国外学术文献在当时难以输入大后方,国外科技新知的输入活动也因此渐趋停滞。

不仅国外科技新知难以输入,大后方科研工作成绩也很难得到对外交流的机会。这是由于"在战时西部各省设备简陋,而且印刷的标准也很低。字母排字几乎不可能做到"④,导致战前出版的国内科技期刊在战时迁移到大后方后,出现较为普遍的停刊现象⑤。无法交换到国外科学界。这一情形可以生物学期刊为例得到说明,西南联大生物学家汤佩松曾指出:"由于不足够的便利条件与经济压力,在战前出版的几乎所有的生物学期刊暂时停刊了。仅有 *Sinensia* 与 *Chinese Journal of Experimental Biology* 还照常发行,它们做出了英雄般的努力,尽管是不定期的。这是其他刊物没能到达我们的国外朋友那里与图书馆的原因。"⑥而由于印刷条件的落后,以及邮寄检查制

---

① 冯凡.北京图书馆创办人袁同礼[M].河北省政协文史资料委员会.河北历史名人传·科技教育卷.石家庄:河北人民出版社,1997.326.
　战时图书征集委员会举行第三、第四两次执行委员会会议[J].中华图书馆协会会报,1939,13(6):18.
② 日本防卫厅战史室.大本营陆军部(中文摘译本)(上卷)[M].天津市政协编译委员会译编.成都:四川人民出版社,1987:498、499、555 - 557.
　俞飞鹏.十五年来之交通概况[M].国民政府交通部,1946 年 4 月印行:70.
③ 卢于道.抗战七年来之科学界[C].孙本书等.中国战时学术.上海:正中书局,1946:177.
④ 倪约瑟.战时中国的科学(一)[M].张仪尊编译.台北:中华文化出版事业委员会出版,1955:74.
⑤ Chinese Journal of Agricultural Science[J].*Nature*,1944(3902):206.
⑥ Pei - Sung Tang. Biology in War - Time China[J].*Nature*,1944(3897):45.

度的限制,科技工作者同时难以向国外期刊邮寄他们的科研工作成果之科技学术论文。李约瑟在西南联大考察时就发现:"论文的抄稿,在以往两年内堆积在这些研究所中者甚多。科学论文在中国不能得到合式的印刷,而邮寄又感检查及别种困难,使科学家不敢轻于将其抄稿交付邮递。"①因此,"战时通信邮件的阻滞,至少使得中国科学家向世界各杂志通消息成为极端困难的事"②。

中华自然科学社先是于1941年起计划出版一种刊物,专载国外科技新知,以恢复国外科技新知的输入。社团社史显示,在1941年11月30日召开的社团第十四届年会上,社员袁翰青③提出一份议案,主题为:"本社应编印《科学译要》,俾今日后方科学界不致与世界科学新知完全隔绝案。"该议案经年会表决通过,交社务执行机构之社务会筹划实施④。经过近一年的筹划,社务会拟通过与国外科学界合作的方式,促成这一刊物的成功创刊。1942年10月25日,社团社长胡焕庸向中国国民党中央社会部部长谷正纲发函,提到这一筹划情形:

> 窃属社成立迄今已十四载,其目的在求我国科学事业之进展。近来社员人数已增至一千五百余人,分社遍布于国内外,社内事业因之增加。……自下年度起,拟与国外科学家合作出版刊物,以谋交换国内外之科学新知⑤。

这一史料还显示,在筹划输入国外科学新知的过程中,社务会注意到大后方科研工作进展对外交流的停滞局面,也通过与筹划《科学译要》相同的方式,与国外科学界合作出版用于对外交流的科学刊物。这就促成了《中国

① 李约瑟.战时中国之科学[M].徐贤恭,刘建康译.上海:中华书局,1947:35.
② 倪约瑟.战时中国的科学(一)[M].张仪尊编译.台北:中华文化出版事业委员会出版,1955:74.
③ 袁翰青(1905—1994),江苏南通人,有机化学家与化学史家,抗战期间担任甘肃科学教育馆馆长,1940—1941年间担任中华自然科学社组织部调查股通讯干事.
④ 第十四届年会纪录·议决案[J].社闻(中华自然科学社组织部编行),(59)(1942年1月25日):4.
⑤ 为本社(中华自然科学社)社员日增、工作渐繁、所需经费亦巨,呈请(中央社会部)自卅二年度起每月补助经费三千元,以继各项事业由[R].1942年10月29日.南京:中国第二历史档案馆,11.7133.

科学通讯》的刊行。

3.1.1.2 《中国科学通讯》的创刊经过与发行渠道的建立

《中国科学通讯》第 1、2 期于 1942 年冬得到编辑并发行至美国科学界,标志着该刊的正式创刊①。在创刊的过程中,中华自然科学社总社学术部负责刊物的编辑工作,社团设于美国的美西分社负责刊物在美国科学界的发行工作。沈其益于 1943 年初致信朱树屏,对此予以阐明:

> 接去年九月二十九日得悉贵分社工作紧张热烈,至堪庆贺。自大战爆发以来,国内外交通几濒断绝,总社与贵分社之联系亦因之丧失。自本次通信后,总社与分社间务祈每月互通信件一次以维持联络。兹将总社年来工作摘要叙述于下:……(3)学术部主编 Scientific Notes 一种,将国内研究工作介绍国外,已将一、二期寄美,兹以另一份附邮寄英。因美西分社早已成立,由总社将资料寄美后,由美分社复印分赠国外科学机关。……至总社希贵分社进行者:……(2)总社拟将 Scientific Notes 按月寄英,由贵分社复印分赠英学社及机关②。

信中所述的 Scientific Notes 即为《中国科学通讯》的初始英文名称之简称,沈其益随后于 1943 年 3 月 2 日与 7 月 2 日两次寄信于朱树屏,在信中记述了 Scientific Notes 与 Acta Brevia Sinensia 之间的关联。沈其益在 3 月 2 日的信中写道:"前致函将国内社中情况及所新进行各事均以奉告,想已收到。兹奉寄 Scientific & Technological Notes from China No I & No II,请由英分社新复印分赠英各机关团体以资宣传,此后当按期奉寄,每月或两月一次。"③因沈其益在 1943 年初的通信中已提及总社按月将 Scientific Notes 寄英,可知 Scientific & Technological Notes from China 即 Scientific Notes 的英文全称。沈其益在 7 月 2 日的信中则明确指出:"李约瑟氏来华,总社及分社均作招待,本社发行海外之 Acta Brevia Sinensia(即 Scientific & Technological Notes from

---

① 本社"中国科学通讯"近讯[J].社闻,(63)(1943 年 10 月 20 日):3.
② 日月,朱谨.朱树屏信札[M].北京:海洋出版社,2007:84、85.
③ 日月,朱谨.朱树屏信札[M].北京:海洋出版社,2007:68.

China）之一、二、三期已交由李氏转寄英美外刊，想已见到。"①这表明《中国科学通讯》的初始英文名称为 *Scientific & Technological Notes from China*，简称 *Scientific Notes*，直至第 3 期始改称 *Acta Brevia Sinensia*。

基于上述通信，结合中华自然科学社的相关社史，该刊的创刊经过得以明晰。先是隶属于社团海外分社系统的美西分社于 1942 年 2 月 8 日成立，以加州工业大学为中心②，与总社在战时保持联系，并辅助总社建立了与美国科学界之间的联络渠道。基于这一联络渠道，总社学术部于 1942 年冬在重庆编辑该刊第 1、2 期，邮寄于美西分社，由美西分社在美复印并分发于美国科学界。

中华自然科学社在创刊《中国科学通讯》的过程中，先是通过美西分社于 1942 年冬建立了面向美国科学界的发行渠道，后又于 1943 年初通过英伦分社建立了面向英国科学界的发行渠道。但上述发行渠道并没有得到持续利用，前引沈其益在 1943 年 7 月 2 日寄于朱树屏的信件可知，该刊的发行工作从第 3 期开始已经交由李约瑟进行。根据社团的社内通讯刊物《社闻》的记载，这一变动的情形为：

> 本社去冬创办之《中国科学通讯》，原定由美西分社担任在美国出版者，嗣英国尼德汉氏③来华，对本刊备极赞助，愿为分寄华盛顿及伦敦同时出版，并建议本刊对外名称为 *Acta Brevia Sinensia*，曾经本刊采纳④。

《〈中国科学通讯〉与大后方的对外科学交流（1942—1945）》的详探表明⑤，1943—1945 年间，李约瑟将该刊纳入所主持的中英科学合作馆中外科技交流工作事项中。根据李约瑟的记述，该刊首先以打字稿的形式送抵该

---

① 日月，朱谨.朱树屏信札[M].北京:海洋出版社,2007:72.
② 沈其益,杨浪明.中华自然科学社简史[J].中国科技史料,1982(2):61-63.
③ 当时国内学界曾称李约瑟为尼德汉,见:英国尼德汉(Joseph Needham)征求中国参加国际科学合作社及有关文书(中英文)[R].1943 年 10 月—1944 年 11 月.南京:中国第二历史档案馆,393(2):44.
④ 本社"中国科学通讯"近讯[J].社闻,(63)(1943 年 10 月 20 日):3.
⑤ 孙磊,张培富,贾林海.《中国科学通讯》与大后方的对外科学交流(1942—1945)[J].自然科学史研究,2016(1):413-426.

馆,然后由该馆寄往伦敦的英国文化协会与华盛顿的美国国务院文化部印行①。进而联系关于中英科学合作馆的日常运作方面的史料可知,该馆为输入英国科技文献与科研仪器于大后方,开辟了连接英国本土与大后方的国际交通路线,这一路线以印度加尔各答为中转地,由英国文化协会与英国皇家空军相继承担运输活动。这是该馆唯一利用的国际交通路线与方式。因此,《中国科学通讯》的海外寄送活动也应是利用这一国际交通路线与方式,首先经由英国皇家空军的运输航队,通过"驼峰"航线,从重庆运至印度加尔各答;然后经由英国文化协会的运输活动,抵达伦敦与华盛顿,由英国文化协会与美国国务院文化部印刷成刊,寄往两国各重要图书馆,分别供英、美两国科学界进行学术利用②。通过这一发行渠道,第5—10期发行至英、美科学界③。

图3-1　英国供应部发给李约瑟的通行证④

---

① 倪约瑟.战时中国的科学(一)[M].张仪尊编译.台北:中华文化出版事业委员会出版,1955:11
　　-12.
② 倪约瑟.战时中国的科学(一)[M].张仪尊编译.台北:中华文化出版事业委员会出版,1955:71
　　-73.
③ 沈其益.中华自然科学社的宗旨和事业[J].科学大众(科学大众月刊社编辑),1948,4(9):255.
④ 图片来源:王玉丰.从剑桥大学图书馆李约瑟档案看李约瑟抗战时的使华经过[A].李约瑟与抗
　　战时中国的科学纪念展专辑.高雄:国立科学工艺博物馆,2000.

图 3 - 2　李约瑟在华的外交人员证①

图 3 - 3　沈其益(1936 年时在英国伦敦大学留学照片)②

---

① 图片来源:王玉丰.从剑桥大学图书馆李约瑟档案看李约瑟抗战时的使华经过[A].李约瑟与抗战时中国的科学纪念展专辑.高雄:国立科学工艺博物馆,2000.

② 图片来源:黄龙龙.微生物开天辟地 孕桃李芳香满园——陈华癸院士归国记事[N].华中农业大学校报 2009 年 3 月 15 日第 414 期 http://hzndb.cuepa.cn/show_more.php? doc_id = 144937 (2018 年 5 月 12 日搜索)

图 3 - 4　朱树屏(1939 年时在英国剑桥大学留学照片)①

3.1.2　基础科学方向的科技布局的建立

《中国科学通讯》的创刊初衷在于"将国内研究工作介绍国外",为此中华自然科学社在编辑该刊的过程中,注重开展科技文献的征集工作,以相对于研究论文与研究综述而言篇幅较小的论文摘要作为主要科技文献类型,旨在尽可能多地刊发大后方科研工作成果,较为全面地呈现大后方科研工作。由于征稿对象以中华自然科学社社员为主,所以《中国科学通讯》的征稿情形反映出中华自然科学社社员的研究情形,呈现的是他们在基础科学研究方面整体而言的科技布局情形。

3.1.2.1　科技文献征集作为编辑工作主体得到开展

《中国科学通讯》编辑工作的开展过程分为两个阶段。第一阶段开始于 1942 年冬该刊创办之时,至 1943 年 8 月第 4 期寄出时为止,主要由总社学术部研究股负责征集科学文献,以研究摘要为主,因为负责编辑该刊的总社

---

① 　图片来源:海洋之子:写在昌邑籍爱国科学家朱树屏诞辰 110 周年[EB/OL].昌邑之窗网站.ht-tp://www.sohu.com/a/131950541_664982(2018 年 5 月 12 日搜索)

学术部下设研究股,研究股干事的工作职责为编辑研究摘要①。期间,社员吴襄于 1943 年 3 月 20 日担任该刊主编,开始向大后方科技工作者群体中的各科专家约稿,以研究综述为主,拓展了稿件来源与类型。第二阶段主要由社员提供科学文献,由该刊前后三任主编吴襄、涂长望与何琦②负责接收。这开始于 1943 年 10 月,总社在当月发行的第 63 期《社闻》中发表关于该刊的征稿启事,向社员征集以论文摘要与研究综述为主的科学文献③。到 1944 年 8 月时,总社在当月发行的第 65 期《社闻》中再一次刊载征稿启事,指出该刊"旨在报道我国科学之进展,非集合我全体社友协同努力不可"④,内中并附有"征稿简则",阐明所需文献以论文摘要为主。

基于由社员提供的诸多科技文献,该刊第 5—10 期的编辑工作得以完成。征稿途径的演变主导《中国科学通讯》呈现出特色鲜明的办刊风格,表现为主要通过论文摘要反映大后方的科研工作进展情形,同时兼顾刊载研究论文与研究综述等类型的科技文献。因此,论文摘要在该刊中的篇数最多,达到 164 篇(仅有题目者不包括在内)⑤,研究论文与研究综述的篇数则分别为 11 篇与 6 篇。这说明在大后方的对外科技交流甚为缺乏的情形下,相对于研究论文与研究综述,论文摘要篇幅较小,可刊载的篇数较多,有利于该刊较为全面地呈现大后方的科研工作,更为充分地发挥对外科技交流作用。

---

① 第十五届第一次社务会记录(1941 年 12 月 21 日)[J].社闻,(59)(1942 年 1 月 25 日):15.
② 吴襄(1910—1995),浙江平阳人,生理学家,抗战期间在中央大学医学院生理学系任教,1940—1941 年担任中华自然科学社社会服务部主任,主编第 3—5 期(1943 年 4—12 月发行);涂长望(1906—1962),湖北汉口人,气象学家,抗战期间先后在浙江大学史地研究所与中央大学地学系任教,1944—1945 年担任中华自然科学社总务部主任,主编第 6—8 期(1944 年 4—12 月发行);何琦(1903—1970),浙江义乌人,医学昆虫学家与疟疾学家,抗战期间先后在江西农学院昆虫室与中央卫生实验院寄生虫组工作,1944—1945 年担任中华自然科学社总干事,主编第 9—10 期(1945 年 1—9 月发行)。
③ 本社"中国科学通讯"近讯[J].社闻,(63)(1943 年 10 月 20 日):3.
④ 中国科学通信征稿启事[J].社闻,(65)(1944 年 8 月 1 日):11.
⑤ 这一统计数据没有涵盖第 3 期的论文摘要篇数,由于该期目录显示它们分属于植物学、药学与化学三门学科,而这三门学科均在该刊其他期数内得到论文摘要方面的反映,因此并不影响本书下述统计数据。

　　正是以论文摘要为主体,《中国科学通讯》被李约瑟评价为发挥着与英国科技刊物 Nature 相似的作用,是一种极为有用的发挥对外科技交流作用的出版物①,实现了办刊初衷。这可从与 Nature 的栏目布局相似度来说明。Nature 除科普性部分之外,主要部分为学术性的文章,"如评述文章、学术论文、科研简报等,这类文章为专业科研人员提供了最新的研究成果"②。而《中国科学通讯》中的论文摘要可被视为科研简报,体现出与 Nature 中科研简报相同的交流最新科研工作成果的功能。同时,正是基于论文摘要的丰富,《中国科学通讯》的科技布局也得到形塑。

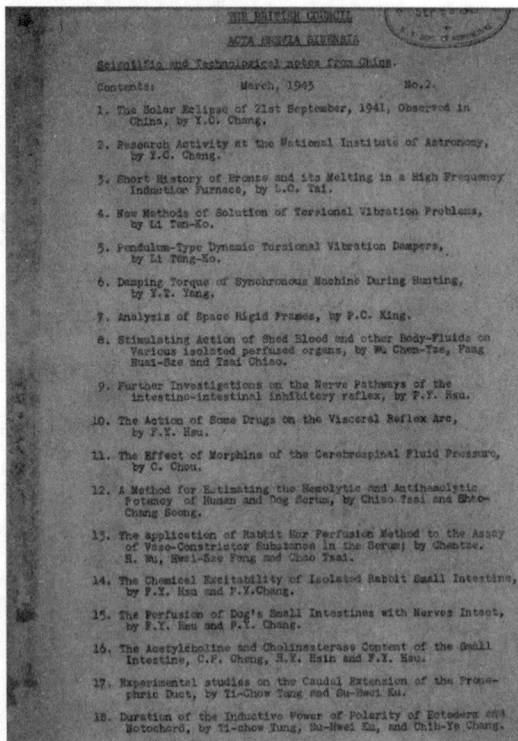

图3-5　《中国科学通讯》1943 年 3 月第 2 期封面与目录页

(美国农业部图书馆馆藏)

---

①　倪约瑟.战时中国的科学(一)[M].张仪尊编译.台北:中华文化出版事业委员会出版,1955:11-12.

②　叶石丁.介绍英国《自然》杂志[J].编辑学报,1989,(2):111.

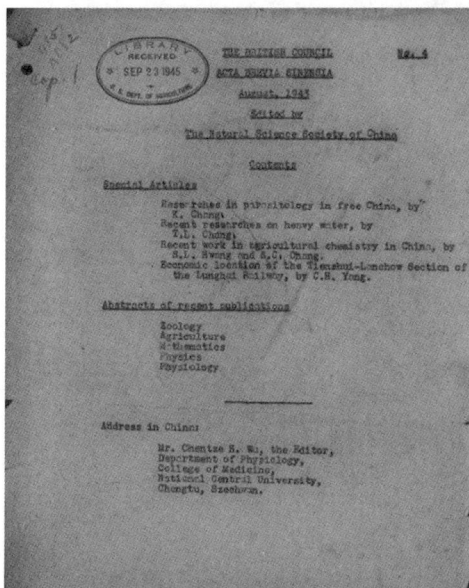

图 3-6 《中国科学通讯》1943 年 8 月第 4 期封面与目录页

（美国农业部图书馆馆藏）

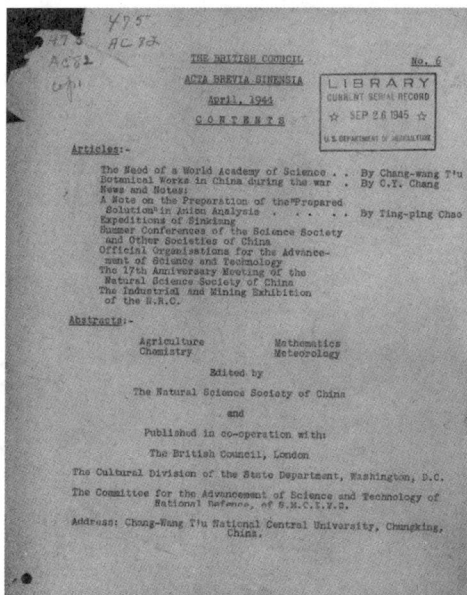

图 3-7 《中国科学通讯》1944 年 4 月第 6 期封面与目录页

（美国农业部图书馆馆藏）

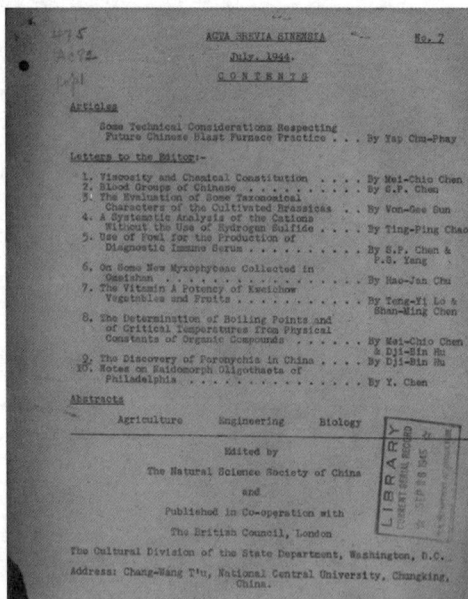

图 3 - 8　《中国科学通讯》1944 年 7 月第 7 期封面与目录页

（美国农业部图书馆馆藏）

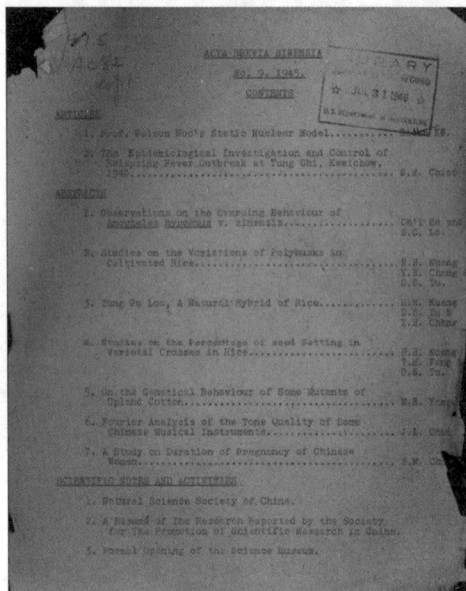

图 3 - 9　《中国科学通讯》1945 年第 9 期封面与目录页

（美国农业部图书馆馆藏）

3.1.2.2 基础科学方向的科技布局的呈现

依据《民国时期总书目》中的学科分类目次,《中国科学通讯》的科技文献分属于22门具体学科,可被归于自然科学、医药卫生、工业技术、农业科学四个学科大类。其中论文摘要分属于20门具体学科,可被归于上述四个学科大类,而研究论文与文献综述则仅分属于五门具体学科,可被归于自然科学、医药卫生与农业科学三个学科大类,但均未及于工业技术类学科(见表3 -1),体现出论文摘要在该刊的科技布局中所起到的基础性作用。

表3 -1 《中国科学通讯》研究论文与论文摘要所属学科类别、相应篇数及比例

学科大类	具体学科	总篇数	论文摘要	研究论文	研究综述	百分比(100%)
自然科学	遗传学	33	33			65%
	生理学	29	27	2		
	动物学	17	17			
	化 学	11	6	3	2	
	物理学	8	7		1	
	植物学	9	8		1	
	普通生物学	6	6			
	数 学	2	2			
	地理学	2		2		
	气象学	1	1			
医药卫生	基础医学	22	18	3	1	16%
	营养学	4	4			
	药 学	3	3			

学科 大类	具体学科	总篇数	论文 摘要	研究 论文	研究 综述	百分比 (100%)
工业 技术	化学工业	5	5			9.5%
	电工技术	5	5			
	建筑科学	2	2			
	航　空	2	2			
	冶金工业	2	1	1		
	轻工业	1	1			
农业 科学	农作物	15	15			9.5%
	兽　医	1	1			
	农业基础科学	1			1	
总　　计	22	181	164	11	6	100%

注:本表基于《民国时期总书目》中的学科分类目次制定。

进一步的统计显示,在《中国科学通讯》的科技布局中,自然科学类的文献篇数最多,在全部文献中占比65%,而医药卫生(16%)、工业技术(9.5%)与农业科学(9.5%)三大类的文献篇数仅占比35%(见表3-1),表明该刊的科技布局侧重于基础科学,这可被视为大后方的科研工作进展情形的实质性反映。因为从表象来看,当时国内科技工作者群体注重开展与实际应用相结合的研究,凸显出"过于注重应用科学与轻视纯科学之趋势"①。然而这并非当时国内科研工作进展的实质,事实上具有原创性的进展主要集中于基础科学领域,森林学家郝景盛在其所撰写的《抗战七年来之科学》一文中就指出,应用科学方面的成绩虽然众多,但多系全面抗战爆发前国内基础科学研究成果的应用结果;同时,基础科学方面的成绩并不比应

---

① 李约瑟.战时中国之科学[M].徐贤恭,刘建康译.上海:中华书局,1947:35.注:抗战时期大后方药理学研究的成绩可为这一情形的代表.参见:张培富,孙磊.科学社会学本土化新诠——以默顿范式为中心的思考[J].科学与社会,2017(3):58-60.

用科学方面的成绩示弱,在若干学科中每年都有论文发表①。

由于《中国科学通讯》以中华自然科学社社员提供基础科学论文为科技文献来源,上述科技布局说明中华自然科学社社员本身的科研工作还是侧重于基础科学。这在中华自然科学社 1941 年 11 月召开的第十四届年会后对于社务活动发生影响,体现为经由当时社团对于发展大后方科学教育事业的提倡,实现基础科学学科对于 1942—1945 年期间社团科学普及社务活动的规训。

3.2 发展基础科学教育与科学普及的基础科学学科规训化

从 1941 年 11 月中华自然科学社第十四届年会召开,直至 1945 年抗战结束时总社准备回南京从事战后国内科技建国社务,期间作为社务活动宗旨的抗战建国时代要求对于社务活动的影响发生变化,引导应用科学方向的科研工作与科学普及的社务活动转向基础科学方面,使得这一时期社务活动呈现出科学普及活动在基础科学学科规训下展开的局面,经由科学教育作为中介。原因在于,从 1941 年开始大后方科学教育显示出对于基础科学教育的忽视现象,这令国民政府从抗战建国时代要求中的建国意向出发,将大后方科学教育方针转向发展基础科学教育方面。为此,总社从作为科学教育补充途径的科学普及出发,在《中国科学通讯》反映的社员开展的基础科学方向的科技布局中,将发展基础科学教育作为开展科学普及社务活动的目标所在,使得在 1942—1945 年期间中华自然科学社的社务活动中,基础科学方向的科技布局经由基础科学教育规训科学普及活动的局面形成。这是以 1942 年社务活动转向发展基础科学教育为起始的。

3.2.1 发展基础科学教育作为科学普及目标的确立

社务活动转向发展基础科学教育源于 1942 年。在 1 月 25 日出版的第

---

① 郝景盛.抗战七年来之科学[C].孙本书等编著.中国战时学术.上海:正中书局,1946:189 – 190.

59 期《社闻》中,《吾人应如何奉行总裁的训示》一文作为《社论》得到发表,开启社务活动转向发展基础科学教育的局面的形成过程。根据当时大后方教育界刊物《教与学》的相关新闻报道,这一局面的形成与当时总社对于第十四届年会议题规划的考量相关,因为在第十四届年会召开前,总社考虑到大后方全体社员应在从属于民国科技工作者关于自身社会角色意识指引下,从大后方抗战建国的时代要求对于科技的需要出发,计划大后方科技事业改进的具体办法,作为今后社务发展方向①。这表明,这一局面正是全体社员从所具有的民国科技工作者关于自身社会角色意识出发,意识到的当时大后方抗战建国时代要求对于科技知识的需要的产物。这可从两方面详细阐述,首先是当时国民政府从抗战建国时代要求的建国意向出发,提倡基础科学教育以发展基础科学方向的科研工作,成为社员形成上述意识的时代背景;其次则是在这一时代背景之中,总社提出社务活动的相应转向。

3.2.1.1 国民政府提倡科研工作服务于基础科学教育

本书 2.2.1.1 节指出,1938 年时《战时各级教育实施纲要》提倡科研工作要以国防与生产需要为方向,使得大后方科技工作者转向应用科学方向的科研工作。然而到 1941 年时,国民政府注意到大后方科技工作者群趋于应用科学方向的科研工作局面的形成也有弊端,一是基础科学研究不彰,二是在大后方高等教育中基础科学教育相较于应用科学教育产生明显落差。从抗战建国时代要求中的建国意向出发来看,这会影响到战后国家建设方向的科研工作,使得当中华自然科学社第十四届年会召开之时,借助这次大后方科学界聚会,国民政府主席蒋介石、中央研究院院长朱家骅与教育部部长陈立夫均指出,大后方科研工作与基础科学教育方面所面临的问题,并进而向大后方科技工作者提倡重视基础科学教育,旨在发展基础性科研工作。

根据《社闻》与相关社务方面记载,蒋介石以向中华自然科学社第十四届年会颁示训词的形式来向科技工作者群体发出倡议,他在训词中指出:

> 我国以科学落后与国防薄弱之国家,力抗强邻之侵略,时逾四载,

---

① 社论·对于本届年会之期望[J].社闻,(58)(1941 年 7 月 15 日):1.

牺牲壮烈,国人追怀,国父迎头赶上之遗训,益悟科学救国之重要,盖克敌制胜,固有赖于科学之发扬,而今后建国大业,尤有待于科学家多方之贡献,所谓建国,固须建立安全之国防,尤当建树国家独立之学术。近年以来,由于政府社会一致之提倡,一般学子对于应用科学之各部门,参加者日见踊跃,此固为良好之现象,然凡事皆有其本,而于学术为尤然,苟理论科学无深厚之基础,则应用科学不能有确实之进步。贵会以探讨学术为职志,对于此点尤宜特加倡导,俾我国之科学教育,不因一时迫切之需要而生小成急就之流弊①。

朱家骅亦到会发表演讲,大意谓:应用科学与基础科学不可偏废,当前大后方科技教育与科研工作事业的流弊在于偏向应用科学,在满足国防与经济建设需要方面发挥明显效用,使得实施高等教育的大学中基础科学方面的学子数量偏少,导致作为应用科学方向的科研工作之基础的基础科学学科研究后继乏人,基础科学理论探究方面的力量薄弱,从而影响到应用科学水平的提高,最终则从根本上制约中国科研工作水平以及国家建设事业的开展②。

陈立夫则到会演讲发表看法,认为应用科学与基础科学之间的密切关系表现为二者互相促进,全面抗战以来以工程教育兴起为标志的大后方应用科学发展必能促进基础科学进步,因为应用科学在发挥建设效用时往往遭遇种种困难,需要基础科学提供自然科学理论方面的知识,所以工程教育兴起在带动应用科学发展的同时,也会促进基础科学发展,从而提升中国科研工作水平③。

相比于1938年国民政府从抗战意向出发提倡应用科学方向的科研工作,上述蒋介石、朱家骅与陈立夫的呼吁表明,到1941年时国民政府转而从建国意向出发开始关注中国基础科学研究情形,希冀通过加强高等教育层

---

① 年会文献·总裁对本社第十四届年会训词[J].社闻,(59)(1942年1月25日):2.

② 朱家骅.科学研究之意见(在中华自然科学社第十四届年会讲)[J].中华自然科学社编行.科学世界,1941,11(1):1-3.

③ 教育文化消息:要闻:中华自然科学社第十四届年会通过"促进科学方案"[J].教与学,1941,6(5/6):79.

面的基础科学教育,促进中国基础科学科研工作向前发展。进一步而言,这一提倡在科学教育方面具有学理上的合理性。

科学教育在学理上被界定为依托于现代学校教育体制的科技教育,既包括基本的数学与自然科学学科教育,也就是基础科学学科教育,也包括经由数学与自然科学学科发展而来的应用科学学科教育,基本目标在于为科研工作事业培养科技工作者,以继承与创新科技知识①。相较于应用科学学科教育与应用科学方向的科研工作事业的内在关联,对于基础科学研究事业来说,基础科学学科教育在继承与创新科技知识方面具有更为基本的规律性意义,因为"自然科学(以及数学)的先后继承性是更为突出的,它总是在不断积累的基础上向前发展,也总是可以被后代所继承,并在继承的基础上进行创新,如此不断发展。历史已经证明,继承是创新的基础和前提,创新是继承的目的和发展,自然科学是在继承基础上的不断创新中前进的。这是自然科学发展的一个规律"②。

从科学教育的学理内涵出发,上述材料表明,在国民政府领导层集体的认识中,战后建国事业包括国家学术独立与国家建设内涵,其中提供自然科学理论知识的基础科学研究事关国家学术独立,而提供应用科学知识的应用科学科研工作事关国家建设。可知在科研工作整体层面,基础科学研究提供基本的自然科学理论知识,是应用科学科研工作得以开展的知识基础,所以中国科研工作水平维系于基础科学科研工作的进步。进一步分析,在抗战建国的时代要求之下,面向建国意向发展基础科学方向的科研工作就需要加强基础科学教育建设,因此国民政府领导层集体认识到需要加强高等教育层面的基础科学教育,正是发展中国基础科学方向的科研工作的题中之义。由于符合发展中国基础科学研究应遵循的基本规律,这一国民政府领导层集体认识影响及于中华自然科学社社员的社会角色意识,也就是他们具有的民国科技工作者关于自身社会角色意识,作为总社规划社务活

---

① 王伦信等.中国近代中小学科学教育史[M].北京:科学普及出版社,2007:2、30、44.
② 王伦信等.中国近代中小学科学教育史[M].北京:科学普及出版社,2007:45.

动转向发展基础科学教育的时代背景发挥作用。

3.2.1.2 总社规划社务活动转向发展基础科学教育

如同本书 2.3.1 节所指出,1939—1941 年,传播国内应用科学学科新知之所以成为《科学世界》的编辑方向,乃是源于从科研工作出发开展科学普及这一社员关于自身社会角色的认知。事实上,国民政府领导层集体在第十四届年会上提倡基础科学研究经由同样渠道,也就是对于中华自然科学社社员关于自身社会角色认知产生影响,令社员经由自身社会角色认知意识到应在社务活动中发展基础科学,通过总社对于社务活动的相应规划确立走发展基础科学教育的道路。

在 1942 年 1 月 25 日出版的第 59 期《社闻》中,社论以《吾人应如何奉行总裁的训示》为题,阐述社务活动计划与方向,认为蒋介石对于社团第十四届年会所颁示训词从建国意向出发,呼吁社员注重发展基础科学,这指示今后社务活动也应面向建国意向,走发展基础科学的道路,因为发展基础科学最终有利于发挥科技知识的应用功能:

> 我国近年来因朝野之注意与提倡,各种科学确均有长足之进步,然终因急于功利,竟趋科学之应用,不免忽于基本,偏废科学之理论,此于年来投考大学工科者极为踊跃而志习纯粹科学者廖若星辰一事即可见之,实一极危险之现象也。本来科学之功能,端赖理论与应用并重,若无高深健全之理论,则无稳固不拔之基础,即或暂时得有辉煌之成绩,究属昙花一现,终归枯萎;抗战不过短期之奋斗,建国方为万世之大业,吾社身负国家科学大任,受政府殷殷重托者,尤不能不慎之于始,正其本末,以为社会倡,此实我全体社友今后努力应循之途径也①。

这篇社论表明,当时总社在规划全体社员应该努力的社务活动方向之时,是从社员本身所具有的民国科技工作者社会角色意识出发,令社员围绕科研工作效用这一点意识到,科研工作与科技知识的应用相结合作为科技工作者职业本身的蕴涵应转变主题指向,当在以抗战为意向转换到以建国

---

① 训.吾人应如何奉行总裁的训示[J].社闻,(59)(1942 年 1 月 25 日):1.

为意向指引下,注重走向发展作为应用科学方向的科研工作之基础的基础科学方向的科研工作途径。那么这一途径的具体内涵为何? 揆诸社团社史,这一途径的具体内涵在 1943 年 11 月 14 日第十七届年会的专题讨论中形成。

在 1943 年的第十七届年会中,当时中华自然科学社社员转向抗战建国时代要求中的建国意向,为此形成以"中国科学建设之途径"为题目的讨论专题,达成相应的社务活动原则,并由涂长望等 6 位社员共同撰写《科学建设的途径》一文来表述这些原则,发表于《科学世界》(1943 年 12 卷 6 期)上,包括 6 项表述:1. 进行中小学科学教育设施建设,以加强中小学自然科学教育,为中国科研工作事业培养具备科学素养的人才;2. 增加大学科学设备,以发展高等教育阶段的基础科学与应用科学教育;3. 充实大后方科研机构的研究设备与图书期刊资料储备,以增进基础科学与应用科学方向的科研工作人才的训练与培养;4. 抗战胜利后在全国范围内添设科研机构,以满足基础科学与应用科学方向的科研工作建设需要;5. 展开国际科学合作,以促进基础科学方向的科研工作通过科学交流得以发展;6. 奖励高等教育阶段的基础科学教育与研究,为应用科学方向的科研工作提供基础性科学理论知识,并实现中国科研工作水平的提升。在上述 6 项表述中,1、5、6 项均指向基础科学教育,2、3、4 项以基础科学教育、研究与应用科学教育、研究并重①,表明在中华自然科学社社员的认识中,中国科学建设实质上侧重于发展基础科学方向的科研工作,而发展基础科学方向的科研工作则以发展基础科学教育为本,也就是说以建国为意向发挥科研工作的效用根本上在于发展基础科学教育,提升基础科学方面的科研水平,促进应用科学方向的科研工作的发展。

① 一月来国内时事·文化与教育·中华自然科学社开年会[J]. 时事月报,1944,30(1):40 - 41.
涂长望,张洪沅,胡焕庸,孙光远,杜长明,沈其益.科学建设的途径[J].中华自然科学社编行.科学世界,1943,12(6):294 - 297.

3.2.2 基础科学方向的科技布局规划科学普及途径

总社规划社务活动转向发展基础科学教育在实践中呈现为科学普及社务活动,这是由当时社员关于发展基础科学教育的认识所决定的,体现在1942—1943 年期间《科学世界》所发表的通论性文章中。这些文章从属于对科学文化理解能力的培养主题,社员认识到,在当时的大后方发展基础科学教育的可行途径在于,通过中华自然科学社的科学普及社务活动中的大后方科技新知传播方向,提供面向中等教育与高等教育阶段的基础科学新知。借助《科学世界》所塑造出的国内科技新知传播格局,这一认识确立了经由科学普及社务活动发展基础科学教育的途径,要求通过传播国内基础科学研究成果,为发展大后方基础科学教育提供急需的基础科学新知,使得《中国科学通讯》呈现的基础科学方向的科技布局作为这一途径的具体化,被确立为发展基础科学教育规划方向。

3.2.2.1 社员形成基础科学教育等同科学普及认识

在 1942—1943 年期间发行的第 11—12 卷《科学世界》中,作为以对科学文化理解能力的培养为主题的通论性文章聚焦于科学教育,旨在阐述社员对于当时中华自然科学社总社拟定的发展科学教育方案的意见。这一现象的出现与前述当时总社社务活动转向发展基础科学教育有关,因为 1941 年 11 月第十四届年会通过一项决议,为使年会所通过的《本社促进科学教育方案纲要》这一专题进一步完备,要将纲要刊布于《科学世界》中,征求社员意见。而到 1943 年 11 月第十七届年会时,题为《中国科学建设之途径》的专题在年会上通过,标志社员对于这一专题形成共识,确定侧重于发展基础科学教育作为以建国为意向的社务活动方向。根据统计可知,这些通论性文章共有 8 篇[①],虽然每篇的论述角度不同,但均从抗战建国时代要求中的建国意向出发,论述基础科学教育在这一意向维度上所发挥的根本性作

[①] 还有两篇通论性文章,分别为朱家骅的演讲稿之《科学研究之意见》,以及涂长望、张洪沅、胡焕庸、孙光远、杜长明、沈其益共同撰写的《科学建设的途径》,没有包括在其中,因为这两篇均不属于社员发表的关于发展科学教育意见方面的通论性文章。

用,呈现基础科学教育等同科学普及的共同性认识。

这些文章围绕科研工作的一般性方法及其与人类社会发展之间的正向关系,或者从当时大后方科研工作发展存在的问题出发,或者从当时西方科技先进国家的科技知识增进历程出发,围绕发展科研工作事业的若干规律性问题,论述以建国为意向的大后方科研工作今后的发展途径,指出发展基础科学与应用科学方向的科研工作事业是科学建国的唯一途径,而发展基础科学教育在其中发挥着根本性作用。原因在于,无论是基础科学还是应用科学方向的科研工作,均是现代国家建设事业的基础:基础科学研究造就人类对于自然界物质运动规律的深刻认识与把握,并作用于应用科学方向的科研工作,令应用科学随着基础科学进步而发展,在事关国计民生的现代经济与国防方面的物质建设中发挥器用方面的实用功能。这就要求国家维持与发展科研工作事业,为此基础科学教育在其中的基础性地位必须得到准确认识,因为基础科学教育为科研工作事业提供具有科学素养的人才,同时创造具有科学素养的人才接触科研工作的社会环境,这样才能令科研工作事业得到持续性的维持与发展。在性质上而言,这等同于科学普及的功能,使得广大学生群体经由基础科学教育了解科技知识及其应用,培养他们认同科技知识的社会作用的价值观,从而将科研工作事业塑造成为社会中具有普遍吸引力的现代社会职业取向①。

在学理上来分析,中华自然科学社社员的上述认识具有合理性,具体来说是对于他们从 1932 年开始走上科学普及道路的认识的充分阐述。根据本

---

① 李方训.今后我国科学问题[J].中华自然科学社编行.科学世界,1942,11(1):5-6.

薛愚.敬向科学家进一言[J].中华自然科学社编行.科学世界,1942,11(2):1-4.

戴安邦.为科学教育呼吁[J].中华自然科学社编行.科学世界,1942,11(3):139-140.

戴谦和.今日美国之科学动态[J].中华自然科学社编行.科学世界,1942,11(4):183-192.

章之汶.自然科学与农业[J].中华自然科学社编行.科学世界,1942,11(6):300-302.

张子圣.由科学现势谈到我国对于科学应有的努力[J].中华自然科学社编行.科学世界,1943,12(2):61-62.

陈延炳.科学建国与我国之研究科学者[J].中华自然科学社编行.科学世界,1943,12(3):123-124.

欧阳翥.我国科学之过去与将来[J].中华自然科学社编行.科学世界,1943,12(6):298-302.

书1.2节的阐述,中华自然科学社社员从科技工作者职业的令社会理性化功能出发认识到,开展科学普及活动对于发展科研工作事业意义重大。当时的社史材料只说明,科技工作者职业的令社会理性化功能是他们走科普道路的决定性因素,但并没有呈现出为何令社会理性化就能实现科研工作事业的发展。那么根据上述社员的认识可知,这在根本上来说是因为科学普及与基础科学教育的功能相同,均旨在为科研工作创造理性化的社会环境,使得作为社会理性化目标的科研工作表征的理性化模式具有社会基础,实现理性化的社会对于科研工作的理性化模式的认同,进而充分发挥基础科学与应用科学方向的科研工作在现代国家建设事业的基础性作用。追根溯源,这是近代以来现代性社会的发展方向的表现,就是要实现人的思想观念理性化,也就是人们的思想观念科技知识化,在现代人中生成表征发挥科学知识的工具性专长的"知识就是力量"理念,这样就能持续培养科研工作事业的支持者与后继者①。

3.2.2.2　基础科学方向的科技布局规划科普社务方向

中华自然科学社社员关于发展基础科学教育的认识在社务方面发生影响,使得社团在规划科普社务方面以基础科学方向的科技布局作为方向。体现在从1942年第11卷开始,直至1945年第14卷1—2期,这一时期的《科学世界》编辑方针发生变化,将通过传播自然科学新知促进科学教育作为要实现的科普效应,形成符合《中国科学通讯》中的基础科学方向的科技布局的自然科学新知传播格局。

《科学世界》编辑方针的变化体现于1942—1945年第11—14卷的科普文章情形。在第10卷以介绍科技新知为目的的科普文章塑造的自然科学新知传播格局中,应用科学学科方向上的文章数量最多,而基础科学学科方向上的文章数量最少②,呈现出的还是以应用科学学科为方向的科技新知传播

---

① 谢清果.中国科学文化与科学传播研究[M].厦门大学出版社,2011:240－241.
② 编辑委员会.本刊之使命及今后之本刊——代卷首语[J].中华自然科学社编行.科学世界,1941,10(1):1－2.
　　编辑委员会.编后记[J].中华自然科学社编行.科学世界,1941,10(1):408.

效应。在 1942 年第 11 卷总共 6 期中,根据该卷《编后记》一文的说明,物理学、化学、生物学、天文学与数学方面的文章数量达到 21 篇,与工业、农业、医药卫生方面的 21 篇文章数量持平。在 1943 年第 12 卷总共 6 期中,物理学、化学、生物学与数学方面的文章数量达到 21 篇,工业、农业、林业与医药卫生方面的文章数量则为 15 篇,显示基础科学学科方向上的科普文章数量已经多于应用科学学科方向①。进一步的统计显示,从 1942 年第 11 卷直至 1945 年第 14 卷,在这些科普文章中,科技新知传播方面的文章在总数上达到 44 篇,除去通论性文章的 117 篇以自然科学知识体系及其应用为主题的科普文章中,占比为 38%②,其中应用科学学科方向上的文章数量为 22 篇,占比50%,而基础科学学科方向上的文章数量也为 22 篇,同样占比 50%(见表 3 -2)。这些统计数据说明,从 1942 年开始,在抗战建国时代要求之下,《科学世界》的科技新知传播继续成为科普社务中的稳定方向,并呈现出基础科学学科与应用科学学科并重的格局。就此而言,在社员意识中,科普社务实践的基础科学学科方向与应用科学学科方向同等重要。

---

① 科学世界编辑委员会.编后记[J].中华自然科学社编行.科学世界,1942,11(6):354.
　编辑委员会.编后记[J].中华自然科学社编行.科学世界,1943,12(6):367.
② 这里所统计的 117 篇文章数量不包括 1945 年第 14 卷第 2 期中文章数量,因为本书作者在大成老旧资源库与国家图书馆中的民国期刊库并没有找到这一期的电子与纸质文本。因此,第 14 卷第 2 期中的科学新知传播方面的文章数量也一并阙如。

表3-2 《科学世界》中以科学新知传播为主题的文章所属学科统计(1942—1945)

学科大类	具体学科	篇 数	百分比
自然科学	物理学	3	50%
	普通生物学	4	
	数 学	4	
	地理学	4	
	天文学	1	
	化 学	3	
	植物学	1	
	生理学	2	
医药卫生	卫生学	2	50%
	药 学	2	
工业技术	建筑科学	3	
	动力工程	1	
	化学工业	2	
农业科学	农作物	6	
	林 业	4	
	农业基础科学	1	
	农业工程	1	
总 数	17	44	100%

注:本表基于《民国时期总书目》的学科分类目次制定。

这一时期,中华自然科学社社员的科学普及实践方向从属于基础科学方向的科技布局,说明《中国科学通讯》呈现的中华自然科学社社员的基础科学研究的影响在于将基础科学方向的科技布局反映于科普社务实践活动中。这一反映的机制则在于该刊的征稿方向,在1943年第12卷第4期《科学世界》发表的《本刊征稿简约》中呈现出来。该"征稿简约"指出:

　　本刊为中华自然科学社社会服务部所主办,专载自然科学文字,介绍科学新知,推广科学应用,藉以发展科学教育,促进国防生产①。

由于中华自然科学社社员在 1942—1945 年期间主要发表基础科学学科新知,所以他们在科普社务实践中以基础科学学科新知作为介绍科技新知的主要方面,因此使得基础科学方向的科技布局与科普社务实践活动建立起反映机制。同时,上述"征稿简约"还指出,传播科技新知的功能在于发展科技教育,那么结合前文所述可知,由基础科学学科新知传播所发展的科学教育就是基础科学教育,表明在更深一层而言,当社员将发展基础科学教育等同于科学普及功能之时,基础科学方向的科技布局与科普社务实践活动建立起反映机制就是一种必然。究其原因,这与当时大后方科技新知来源匮乏影响科技教育发展有关,也是基础科学方向的科研工作同基础科学教育在功能上的同质性决定的。

从印支通道遭遇日军封锁以来,国外科技新知来源匮乏的状况影响到大后方中等教育以上阶段的科学教育活动。1941 年 2 月在成都出版的《科学世界》就指出这一点,可被视为该刊后来转向基础科学学科新知传播活动的历史起点:

> 近年来内地出版界荒芜太甚,自然科学之读物更属凤毛麟角,同时国外印刷品之输进,复以外汇及寄递之困难而一再减少。高中以上之学生及服务中等教育界之人员,莫不深感知识来源之缺乏,因之探求学术之兴趣逐渐衰退。本刊虽篇幅有限,但极愿以介绍新知之责自任,冀能促进科学教育于万一②。

科学普及事实上本来就是科技教育的有效补充,承担在中学教育阶段培养公众科学素养的功能③,因此该刊以介绍科技新知为己任,也是科普逻辑的必然。同时,从基础科学研究功能的学理上来看,"基础科学研究是以认识物质世界和增加新的知识为目的的,它是一切科技进步的先导和源泉,

---

① 本刊征稿简约[J].中华自然科学社编行.科学世界,1943,12(4).
② 编辑委员会.本刊之使命及今后之本刊——代卷首语[J].中华自然科学社编行.科学世界,1941,10(1):1.
③ 王伦信等.中国近代中小学科学教育史[M].北京:科学普及出版社,2007:2.

也是人类科学世界观和社会进步的科学基础"①。李醒民先生转介国外科学学研究者布鲁克斯为基础科学研究辩护的观点,认为这些观点是有关基础科学方向的科研工作功能的很好的分析范畴与论证框架,全面阐明了基础科学方向的科研工作功能的具体内涵在于四个功能:一是文化功能,基础科学学科知识是现代理性文明的主要内涵,增进人类的理性认识;二和三是经济与社会功能,基础科学学科知识是应用科学学科知识的工具性专长的来源基础;四是教育功能,基础科学学科知识的传授创造科学思维环境,能够培养科技工作者,保证科技知识的持续增长②。基础科学方向的科研工作本身包含基础科学教育功能,因此当社员在科研工作中转向基础科学学科方向的科技布局之时,发挥基础科学教育功能就是题中之义。而前文已及,对于基础科学教育来说,科学普及具有相同功能。所以,社员在科普社务实践活动中发挥基础科学教育功能不仅是科普逻辑的必然,也是从事基础科学方向的科研工作的必然选择,从而有意识地建立反映基础科学方向的科技布局的联系机制。

3.2.3 《科学世界》的基础科学学科规训化

如表3-2所示,1942—1945年期间,基础科学科技布局在中华自然科学社传播科技新知的科普社务中确立学科体系,通过基础科学学科体系,包括物理学、普通生物学、数学、地理学、天文学、化学、植物学、生理学等,具体构成基础科学科技布局。本书2.2.2节已经指出,依靠表征学科规训的学科知识生产与应用的规范准则,学科体系使得科技知识在应用过程中依据科研工作范式机制得到运行。通过考察《科学世界》中的基础科学科技布局下的科普文章,本书认为,在这些以传播基础科学学科中的科技新知为主题的科普文章中,基础科学学科规训作为范式机制起作用,表现为社员在发表基础科学学科中的科技新知之时,总是通过在行文逻辑中体现基础科学研究

---

① 金铎.加强基础科学研究,建设国家创新体系[J].中国基础科学,1999,(创刊号):14.

② 李醒民.为基础科学的存在辩护[J].武汉理工大学学报(社会科学版),2008(6):795-796.

范式这一基础科学学科规训,促进大后方中等以上教育阶段的基础科学学科教育,将基础科学科研成果最终转化为促进基础科学教育的科学常识。体现出在大后方时期的中华自然科学社科普社务的开展过程中,基础科学方向的科技布局在规划科普社务方向时所遵循的原则。

3.2.3.1　基础科学学科中的方法创新主题规训

基础科学研究范式体现在具有一般性的基础科学科研过程中,根据沈珠江的论述,这一过程可以划分为发现素材、抽象出规律与检验规律性认识三个阶段。其中作为第一阶段的发现素材,具体来说是"通过观测和实验进行素材的收集,其典型的事例就是'发现 XX'"①。结合《科学世界》第11—14卷中的以科技新知传播为主题的文章情形,这些文章中的 7 篇以基础科学学科方法创新为主题的文章体现上述阶段,涉及数学、化学、生物学与地理学四门基础科学学科,分别表达纯粹抽象素材的发现规律与本土化素材的发现规律②。

在以纯粹抽象素材的发现规律方面的方法创新为主题的文章中,数学学科方面的四篇文章与化学学科方面的一篇文章构成全部内容。这些文章从数学与化学的基础科学学科属性出发,对于在中等以上教育阶段的基础科学学科教学过程中,作为知识传授的途径之证明与实验方法,介绍若干创新性进展,以表达作为这些基础科学学科研究对象的纯粹抽象素材的发现

① 沈珠江.论科学、技术与工程之间的关系[J].科学技术与辩证法,2006(3):21.

② 这些文章分别为:栗作云.变形虫的采集及其简易培养法[J].中华自然科学社编行.科学世界,1942,11(2):115 – 118.

徐利治.论平面上 N 个点的最小包围圈[J].中华自然科学社编行.科学世界,1942,11(2):119 – 130.

徐燮.四定则包括三角函数及双曲线函数之三十六公式[J].中华自然科学社编行.科学世界,1943,12(1).

项黼宸.应用(变形 Pascal 三角形)展开三项式[J].中华自然科学社编行.科学世界,1943,12(1).

赵绵.利用点滴试验于定性分析上之分析系统[J].中华自然科学社编行.科学世界,1943,12(3).

李元雄.简易缩小放大尺之用法[J].中华自然科学社编行.科学世界,1944,13(2).

马亦椿.三次方程式的解法[J].中华自然科学社编行.科学世界,1945,14(1).

规律。例如社员徐利治撰写的《论平面上 N 个点的最小包围圈》一文,论述平面上任意状态分布的 N 个点的点集的最小包围圈定理的证明方法,并能经由证明进而算出最小包围圈的大小范围,能够对于数学中的最小包围圈定理做出知识来源方面的说明,显示出作者作出的有关这一数学定理的证明方法是阐明数学知识的有效途径①。

在以本土化素材的发现规律方面的方法创新为主题的文章中,生物学与地理学方面各一篇文章构成全部内容。这些文章从生物学与地理学以本土自然现象为素材的基础科学学科属性出发,以中等以上教育阶段的基础科学学科新知传授过程规律为本,关照实验方法的创新对于知识传授的维系作用,表达作为这些基础科学学科研究对象的本土化素材的发现规律。社员栗作云撰写的生物学方面的《变形虫的采集及其简易培养法》一文具有代表性,指出原生动物变形虫具有构造简单以及完备的基本生理作用的特点,是生物学教学中普遍使用的材料。但是作者本人发现中国生物学教学实践中关于变形虫的采集与培养是薄弱环节,作者身边的很多中学及大学的生物学教师没有掌握有关变形虫采集与培养知识。为此,作者撰写这篇文章,以列举变形虫的采集与简易培养法的实验方法的途径,将从最新国外农业微生物学手册中习得的相关知识向大后方生物学教育界介绍②。

3.2.3.2 基础科学学科中的理论进步主题规训

在基础科学研究过程中,通过抽象得出规律是第二阶段的内容,要求"得出事物的本质特性及其变化规律,即定律和理论,包括必要的假设"③。检验规律性认识是第三阶段的内容,要求"从理论出发得出推论,并与新的观测和实验结果进行对比以检验获得的规律性认识的可靠性"④。从这两个阶段旨在从素材中得出科学理论这一点出发,观照《科学世界》第11—14卷

---

① 徐利治.论平面上 N 个点的最小包围圈[J].中华自然科学社编行.科学世界,1942,11(2):119 - 130.

② 栗作云.变形虫的采集及其简易培养法[J].中华自然科学社编行.科学世界,1942,11(2):115 - 118.

③ 沈珠江.论科学、技术与工程之间的关系[J].科学技术与辩证法,2006(3):21.

④ 沈珠江.论科学、技术与工程之间的关系[J].科学技术与辩证法,2006(3):21.

中的以科技新知传播为主题的文章情形①。可知与以基础科学学科方法创新为主题的文章情形相同。这些文章也涉及物理学、化学、天文学、生物学、地理学五门基础科学学科,并分别按照这些基础科学学科在研究对象方面的区隔,也就是物理学、化学与天文学以纯粹抽象素材为研究对象,而生物学与地理学则以本土化素材为研究对象,介绍建立在不同研究对象基础上的科学理论进步,以所从属的科学研究过程的第二、三阶段为行文逻辑,来表达基础科学科研工作范式第二、三阶段。

在物理学、化学与天文学方面的以科学新知传播为主题的文章中,由于纯粹抽象素材作为研究对象,所介绍的科技新知更加具有反映普遍性的物质运动规律意义,所以这些文章以国际科学界新近发现的科学理论为介绍对象,从这些理论的形成过程来反映科研工作过程中的抽象出规律阶段,并介绍相关的证实性实验来说明这些规律性认识的可靠性,反映科研工作过程中的检验规律性认识阶段。这可以社员陈仁烈撰写的《电子波的绕射》一

---

① 这些文章分别为:陈仁烈.电子波的绕射[J].中华自然科学社编行.科学世界,1942,11(1):9 –20.

高尚荫.关于最近草履虫研究之进展(一)匹配式(mating types)[J].中华自然科学社编行.科学世界,1942,11(1):35 –40.

叶雪安.海福特(Hayford)旋转椭圆体之由来[J].中华自然科学社编行.科学世界,1942,11(2):101 –114.

焦启源.金鸡纳霜树在中国栽培之可能性[J].中华自然科学社编行.科学世界,1942,11(5).

H. Spencer Jones 著,包震熿译述.太阳的距离[J].中华自然科学社编行.科学世界,1942,11(6):315 –326.

葛培根.放射现象与原子理论[J].中华自然科学社编行.科学世界,1943,12(1).

侯家骕.电子对在原子间之移动学说[J].中华自然科学社编行.科学世界,1943,12(1).

王兴民.西北数种军用食品之初步研究[J].中华自然科学社编行.科学世界,1943,12(3):145 –152.

龚洪钧.论单分子化学变化[J].中华自然科学社编行.科学世界,1943,12(3).

郑伯燨.非气体物质的间隙积定律[J].中华自然科学社编行.科学世界,1943,12(3):157 –168.

李廷安,郭祖超.我国士兵体格检查之报告[J].中华自然科学社编行.科学世界,1943,12(5):267 –272.

雍克昌.硬骨鱼卵分割细胞之原生质运动与细胞核之关系[J].中华自然科学社编行.科学世界,1943,12(6):303 –304.

吴芝茂.世界土壤分布概略[J].中华自然科学社编行.科学世界,1944,13(1):33 –38.

陈尔寿.北极航空地理[J].中华自然科学社编行.科学世界,1944,13(2).

文来说明。这篇文章从作为 20 世纪上半叶物理学研究前沿的电子波理论出发,先是介绍电子波实验所呈现的电子波理论的形成过程,以及作为物质微观运动规律的可靠性,然后指出从 1928 年起直至当前,国际物理学界通过若干电子波实验过程,发现电子波绕射这一基于电子波规律的物质运动规律,并创造出通过电子波照相机应用电子波绕射规律于物质构造的研究的用途。进而介绍作者运用迁移至大后方的武汉大学实验室的电子波照相机的实验情形,以显示电子波绕射规律的可检验性。最后指出,电子波绕射规律在应用科学方面的实际用处①。

在生物学与地理学方面的以科学新知传播为主题的文章中,本土化素材作为研究对象的学科属性使得这些文章主要介绍大后方自然规律,从这些学科科学理论的本土化进展来介绍相关科技新知,同时兼及开展本土化研究所需的学科科学理论本身在国外学界的研究进展情形。其间在行文过程中,按照科研工作过程中的抽象出规律阶段以及检验规律性认识阶段,详细说明这些科技新知。在介绍学科科学理论本土化进展方面,社员李廷安、郭祖超所撰写的《我国士兵体格检查之报告》一文具有代表性。这篇文章介绍了作者所进行的有关中国抗战部队士兵的体格检查统计数据,将成都三大学联合医院与中央大学医学院所保存的士兵体格记录作为素材,根据公共卫生学中的体格检查原理与步骤,总结归纳出当时中国士兵的一般体质情形,借以说明所开展的有关中国士兵体格检查记录的学理研究及其可检验性,对于生理学本土化的理论构建意义②。至于开展本土化研究所需的学科科学理论本身在国外学界的研究进展情形,社员叶雪安撰写的《海福特(Hayford)旋转椭圆体之由来》一文可用来进行说明。这篇文章按照 20 世纪上半叶美国地理学家海福特创立的算法进行演算,重新呈现海福特旋转椭圆体算法的演算原理及其步骤,证实这一算法作为地球形状的测量原理与

---

① 陈仁烈.电子波的绕射[J].中华自然科学社编行.科学世界,1942,11(1):9-20.
② 李廷安,郭祖超.我国士兵体格检查之报告[J].中华自然科学社编行.科学世界,1943,12(5):267-272.

计算方法的可靠性①。

3.3　本章小结

综上所述,从 1942 年开始,中华自然科学社总社的社务活动转向在大后方发展基础科学学科,一方面通过向英美科学界发行综合性英文科技刊物《中国科学通讯》,在促进主要是社员的基础科学研究成果对外交流的过程中,使得社员在大后方时期的基础科学科技布局得到呈现。另一方面,在抗战建国时代使命中的建国意向对于大后方科技工作者的引导下,经由总社对于通过科普社务提振大后方科学教育的社务规划,也就是通过《科学世界》传播基础科学学科新知充实大后方科学学科教育,展现出基础科学科技布局经由科学教育规训基础科学学科知识普及的社务局面,在学理上呈现中华自然科学社社员的责任伦理的基础科学学科规训化实践。

进一步根据中华自然科学社社史可知,在战后的社务实践中,总社从社员的责任伦理意识出发,通过有意识地经由基础科学与应用科学方面的学科规训对于社务活动的规划,实现了上述社务活动宗旨中三个方面的有机互动,使得基础科学学科规训化实践同之前的应用科学学科规训化实践一道,在总社于抗战胜利后回南京继而重新布局国内社务的 1946—1949 年期间,经由这一时期总社编辑与发行的两种刊物,一为科普刊物《科学世界》,另一为继承《中国科学通讯》的对外科技交流刊物《中国科学与建设》,展开了基础科学学科规训与应用科学学科规训的制度化实践,使得在总社的社务实践中形成对于科技工作者职业伦理的认识,而这一科技工作者职业伦理内涵就是从科学研究出发开展科学普及的责任伦理。

---

① 叶雪安.海福特(Hayford)旋转椭圆体之由来[J].中华自然科学社编行.科学世界,1942,11(2):101-114.

第四章　责任伦理学科规训制度化
的职业伦理意蕴(1946—1949)

　　当中华自然科学社总社于 1946 年复员回南京后,社员所践行的从科研工作出发开展科学普及的责任伦理发生变化,表现为社员从科学建国时代要求出发,认识到对于国内科技工作者来说,科学建国时代要求内涵在于建立科技传播制度,使得在这一制度内,专业性的对外科技知识交流与普及性的对内科技知识传播有以一体化实现科技知识创新及这种创新所带来的科技知识的应用,这样就能使得在迎头赶上世界科技发展阶段的基础上,开展反映世界科技应用趋势的科技新知在国内建设事业中的应用,预及世界科技创新及由这种创新所带来的科技新知的应用趋势。在学理上而言,这一科技传播制度被称为科技传播系统,通过所构建的包含科技新知的专业性交流与应用性普及的科技传播结构,在科研工作与科学普及之间发挥联络机制作用,引导科技知识创新与科技知识应用之间建立起一种知识流动局面。中华自然科学社社员在大后方所致力的责任伦理体现新的时代要求,以科技传播系统的建立来反映作为这一时代要求。

　　事实上,在 1947—1949 年期间,中华自然科学社总社确实在社务活动中实践这一时代要求,先是转变《科学世界》的编辑方针到介绍世界范围内最新科研工作动态,以及这些最新研究的应用情形。同时为继续《中国科学通讯》所开创的中外科技交流事业,而创办一种面向国外科学界的专业交流性质的综合性科技英文刊物,名为《中国科学与建设》(*Science and Technology in China*),向国外科学界介绍中国科技工作者最新研究成果。这两种社务活动表征中华自然科学社对于科技传播系统的构建实践,反映社员对于他们所认知的责任伦理在这一时期的实践路径。这一实践以构建具有面向科技知识流动的联络机制的科技传播系统为形态,本质上指向的是制度建设,这就为作为社员认知的责任伦理实践准则的学科规训提供了制度化安排,根据陈学东关于现代科学学科规训制度的生成与演化情形的考察可知,有关学科规训的制度化安排在学理上被称之为学科规训制度,表现为学科经由现代教育场所的组织发展成为知识生产与传播体系,使得学科规训在其中成为作用机制,生成对于社会运行具有规范意义的学科范式①。这使得社员的责任伦理实践走向学科规训制度化,认识与表达他们所认知的科技工作者职业伦理,指示出中华自然科学社的科技传播系统构建实践意义。

4.1 责任伦理的学科规训制度化实践:科技传播系统的构建

根据中华自然科学社社史,在抗日战争胜利结束前后的 1944—1945 年,中华自然科学社总社通过《社闻》中的《社论》向社员提倡,在抗战胜利结束以后,科学建国时代要求将作为今后社务活动的宗旨,而按照提倡的科学建国时代要求内涵可知,在总社看来,科学建国时代要求是以科技知识的应用来表现的,这就需要社员重视开展应用科学方向的科研工作。同时,应用科学方向的科研工作的开展源于基础科学研究进步,因此,科学建国时代要求提出了基础科学与应用科学密切结合的增进科技知识途径,并指出这一途径符合当时世界科技发展趋势,也就是世界科技创新及由这种创新所带来的科技新知的应用趋势。所以,基础科学与应用科学密切结合的增进科技知识途径本身以之为目标,在社内论述中被表述为迎头赶上世界之科技先进国家。而在总社回南京以后的社务活动实践过程中,上述增进科技知识途径通过两方面来体现,首先通过《科学世界》所承载的科学普及社务活动,传播当时世界基础科学方面的新知,以及由基础科学进展所引致的应用科

---

① 陈学东.近代科学学科规训制度的生成与演化[D].山西大学科学技术哲学专业博士学位论文,2004:13-17.

学方面的新知,向国内大众普及当时世界科技发展趋势。其次则通过接续《中国科学通讯》的《中国科学与建设》这一刊物,在以国外科学界为对象的科技交流社务活动中,传播中国科技工作者开展基础科学与应用科学密切结合的科研工作实践情形,也就是当时中国科技工作者通过开展科技创新所获得的科技新知,包括基础科学方面的新知与应用科学方面的新知。

对于科学建国的时代要求而言,传播当时国内外基础科学与应用科学方面的新知具有学理合理性,体现科技传播对于科技创新的必要性,原因在于,"传播扩散已有的科技知识,将科技融入物质生产过程以提高社会的竞技水平,虽然永远是科技传播的重要内容,但如果科技传播仅仅停留在对现存科技系统的理解和诠释,单纯沉迷于对既有科技知识的传递和运用,就不能形成一种具有创造性内涵的科技传播。……传递和扩散人类在认识和改造自然进程中所创造的新知识,始终是科技传播与时代发展相协调的必要条件,否则就只会形成一种'滞后性'传播"①。这也就是说,上述包括专业性科技交流与普及性科技传播的增进科技知识途径从属于科技传播,根据翟杰全的论述,这在结构上形成了一种科技传播系统。具体而言,从结构上说,科技传播系统包括专业交流系统、科技教育系统和普及推广系统,以实现科技新知在科研工作层次与科技知识应用层次之间联络作为结构运行机制②。那么,专业性科技交流与普及性科技传播共同支持的科技知识增进途径具备结构性内涵,对应于科技传播系统中的专业交流系统与普及推广系统。

这一科技传播系统背后的维系机制则为学科规训制度。从社史来看,经过在抗日战争时期大后方对于责任伦理的学科规训化实践,中华自然科学社社员的从属于民国科技工作者社会角色意识形成明确的实践路径,在从科研工作出发开展科学普及的责任伦理意识规制之下,分别从基础科学学科与应用科学学科的学科规训出发,建立起科研工作本职与发挥科学知

---

① 何郁冰.科学社会学视野中的科技传播和知识创新[J].自然辩证法研究,2003(7):62.
② 翟杰全.构建面向知识经济的科技传播系统[J].科研管理,2001(1):9-12.

识的工具性专长之间的联系机制。当科学建国时代要求成为社务活动宗旨,号召社员关注并预及世界科技创新及由这种创新所带来的科技新知的应用趋势,社员在实践形成的责任伦理机制就发挥特定的维系作用,旨在维系经由科技创新实现科技新知向生产力转化的过程。

在抽象的学理层面上,科技创新是科技新知应用于社会经济活动从而带动生产力发展的过程,以科研工作作为这一过程的开端,通过科技新知反映的自然规律得到以机器生产为表征的物化运用,致力于产品的开发、生产以形成新产品、新工艺与服务等新的生产力形态。在科技创新过程中,科技知识流动是其中的基本环节,运行规律表现为科技传播活动中的传播者与受传者之间在思维上高度同一。换言之,需要通过科技传播使得社会的科技素质提高到能够理解科技知识的程度①。

上述学理映射这一时期中华自然科学社社史规律,对于中华自然科学社社员来说,在经由科技创新实现科技新知向生产力转化的过程中,责任伦理的维系机制的建立使得作为责任伦理实践方式的学科规训意义随之变化,在作为维系机制的责任伦理实践中,显而易见的是从科研工作出发开展科学普及对应于科技新知流动环节。所以,从科研工作出发开展科学普及的责任伦理实践路径就转化为科技新知流动范式,经由科技传播系统中的结构予以实现。因此,作为科技知识流动范式的学科规训就成为科技传播系统结构性运行的联络机制。考虑到机制本身是制度的实际运行内涵②,那么正如在科技学科的制度化过程中,科技知识本身的实践规则成为一种正式的制度安排一样③,责任伦理的学科规训实践也发展成为一种制度,由中华自然科学社社员的责任伦理的学科规训制度化实践所塑造。

---

① 孙向军.知识生产力研究[D].中共中央党校马克思主义哲学专业博士学位论文,2002:25–27、64–65、68–70.
② 刘洋,张培富,李凤岐.近代医学制度变迁——以中西医社团为视角[J].自然科学史研究,2017(3):388.
③ 陈学东.近代科学学科规训制度的生成与演化[D].山西大学科学技术哲学专业博士学位论文,2004:58.

4.1.1　社务活动走向构建科技传播系统结构

从中华自然科学社社史来看,科学建国时代要求成为社务活动宗旨是一个历史发展过程,从抗战胜利结束之前的 1944 年开始,抗战建国时代要求的建国意向向科学建国时代要求发展。1944 年 8 月第 65 期《社闻》的《社论》展望了抗战胜利结束后的科学建国,开启了这一历史进程。直至 1947年,总社参与七科学团体联合年会并发表年会宣言对于科学建国展开论述,标志着科学建国时代要求形成基础科学与应用科学密切结合的科技新知增进途径,预及世界科技创新及由这种创新所带来的科技新知的应用趋势。在这一历史发展过程中,社员认识到,鉴于世界科技创新及由这一创新带来的科技新知的应用趋势本身有其规律,科技创新及其应用以基础科学新知的研究获取与应用为基础。所以对于科学建国时代要求而言,当时中国基础科学科研工作落后于世界基础科学发展趋势是根本性制约因素,因此将《科学世界》编辑方针转变到世界范围内科技创新的普及性传播方面,并创刊《中国科学与建设》以提供中国科技创新所需的专业性科技交流渠道,体现出科学建国时代要求对于社务活动走向构建科技传播系统结构的引导作用。

4.1.1.1　科学建国时代要求引导科技新知增进途径指向科技创新

科学建国时代要求形成于 1944—1945 年间,基本内涵是基础科学研究与应用科学方向的科研工作密切结合应作为科技新知增进途径。从社史来看,1944 年 8 月第 65 期《社闻》中的社论以《本社前途的展望》为题,首先提出了科学建国时代要求的命题,指出预计一年左右抗日战争可以胜利结束,那么建国将成为抗战胜利后的时代主题,这包括工业、农业、商业等各项生产事业,以及教育、卫生等各种社会事业。为此中华自然科学社就负有科学建国的重任,因为社员作为科技工作者的职业属性体现在分属于科学技术学科专业属性上,而社员所从属的科学技术学科分布在从基础科学到应用科学的学科范畴中,这为从各门科学学科出发从事相应的生产与社会事业建设提供了知识基础。所以,要开展的科学建设则指向科研工作与普及科学应用①。上述论述并没有指出开展科研工作与普及科学应用如何为建国提供知识基础,这是在 1945 年 9 月第 67 期《社闻》中的社论中得到具体表述的,表达科学建国时代要求内在的逻辑思路。这篇社论以《社友们,建国需要你们》为题,指出在抗日战争中,中国基础科学与应用科学方向的科研工作水平低落是国防落后的主因,因此今后国家建设成为时代主题之时,国家各项事业建设就必须走科学建国道路。这要求继续秉承揭示科学建国规律的社团一贯的社务活动宗旨,首先提倡科学教育促进基础科学方向的科研工作,然后将基础科学方向的科研工作向应用科学方向的科研工作转化,经由科学普及创造理性化的社会环境以为这种转化提供智力基础②。

总社通过社论阐发的科学建国社务活动宗旨,经由年会机制固定为社务目标,成为社员的社务活动宗旨。在 1945 年 10 月召开的第十九届年会中,社员们通过《发展我国科学方案纲要》,将上述走科学建国道路的内容综括为增进科技知识总方针中的三项内容,并且演绎出对应于这三项内容的增进科技知识途径,包括改进科学教育,科技知识与民众生活相结合,以及基础科学与应用科学方向的科研工作密切结合,将基础科学与应用科学方向的科研工作密切结合作为增进科技知识途径,对应于基础科学方向的科研工作向应用科学方向的科研工作转化③。

中华自然科学社于 1946 年 7 月复员回南京,将总社设于中央大学生物馆④,从此开始以科学建国时代要求为主题开展具体的社务活动。当时在总社负责恢复社务活动的社员们明确指出,今后的社务活动旨在为中国的时代命题之建国贡献科技新知,开展以基础科学与应用科学方向的科研工作密切结合的科学建国活动,在"继续原有工作外,拟设立科学教育馆,以谋科学知识之普及;设立科学服务社,以协助建设事业之发展;成立研究与实验场所及设置奖学金学额,以增高学术之研究"⑤。并且指出,这些具体社务活

---

① 社论:本社前途的展望[J].社闻,(65)(1944 年 8 月 1 日):1-2.

② 社论:社友们,建国需要你们![J].社闻,(67)(1945 年 9 月 30 日):2.

③ 年会盛况·四、年会通过发展我国科学方案纲要[J].社闻,(68)(1945 年 12 月 30 日):6-7.

④ 沈其益.本社简史[J].社闻,(70)二十周年纪念专号(1947 年 8 月 20 日):3.

⑤ 中华自然科学社成立二十周年募集基金专册[Z].南京:南京市图书馆藏,1946:1.

动旨在使得国家建设预及当时世界范围内的科技知识应用趋势。在总社于1946年发行的《中华自然科学社成立二十周年募集基金专册》中,这得到确切表述:

> 中华自然科学社成立于民国十六年,迄兹已二十载。同仁黾勉淬励,谋我国科学之发展与普及。盖深感科学为现代文化之基础,无论国防与民主之建设,均与科学有密切之关系。且自此次大战以后,人类文明已进入原子能之新世纪,各项发明,推陈出新,永无止境。我国无不亟谋科学之发展,实难立足于今日①。

总社的上述认识,在1947年经由七科学团体联合年会扩展成为社员的共识。在1947年8月于上海举行的七科学团体联合年会上,参与会议的各科学社团发表一份宣言,提出他们代表的国内科技工作者一致关注的问题在于原子能研究与国内科研工作。其中在国内科研工作问题部分指出,当时世界范围内的科技知识应用趋势在于原子能研究及随之发展的应用科学方向的科研工作。这一趋势使得经由应用科学方向的科研工作而来的各种新式发明能够得到利用,以提升社会建设水准,最终实现人民生活水平的提高,而这正是中国科学建国应该努力的方向与预及的趋势:

> 我国人民处原子能时代,仍在饥饿线上挣扎,其原因之一,乃由于科学落后,盖科学发达之意义,原为提高人民之生活水准,其提高之程度应与科学发达之程度成正比例。国人以往对于基本科学既未重视,一旦进入原子能时代,乃遑遑然欲输入一二有关原子能研究之仪器,与当时科学先进国家并驾齐驱,是诚不可能之事②。

综上所述,在总社回南京以后的社务活动实践中,基础科学与应用科学方向的科研工作密切结合的增进科技知识途径指向了科技创新,以预及世界科技创新及由这种创新所带来的科技新知的应用趋势为目标,旨在从基础科学方向的科研工作出发来带动应用科学方向的科研工作。与以抗战建

---

① 中华自然科学社成立二十周年募集基金专册[Z].南京:南京市图书馆藏,1946:1.
② 七科学团体联合年会宣言[R].南京:中国第二历史档案馆,393.1214.

国时代要求中的建国意向出发的科技知识应用认识不同的是，在以抗战建国时代要求中的建国意向出发的科技知识应用认识中，社员关注的是发展科学教育来推动基础科学方向的科研工作，并认为这会带动应用科学方向的科研工作。然而在科学建国时代要求之下，社员所形成的科技知识应用认识进一步明确，指向科技创新过程中的基础科学新知的研究获取与应用途径，也就是基础科学与应用科学密切结合的途径。对于这一指向的关注令社员从世界科技创新及其应用趋势来形成相应认识，引导社务活动实践走向构建科技传播系统中的普及推广与专业交流系统。

4.1.1.2　普及推广系统与专业交流系统的构建

根据《中华自然科学社成立二十周年募集基金专册》，总社尚未完全实施旨在密切结合基础科学与应用科学方向的科研工作方针，其中设立科学教育馆、科学服务社以及研究与实验场所等计划没有付诸实际，《科学世界》与《中国科学通讯》则得到恢复编行。在这一恢复编行过程中，科学建国时代要求被贯彻到这两个刊物的编辑宗旨中。

首先，总社在 1946 年 5 月之前于重庆编行《科学世界》第 15 卷 1 期，其后则由于总社复员工作而停顿了本应继续开展的编行工作①。总社在迁回南京后，于 1946 年 11 月 17 日召开总社理事第三次谈话会，在决定《科学世界》由上海分社发行的同时，并提出今后刊物的社论方针在于从科学文化理解能力的培养方面开展科学普及，明确下列五个科学普及方向：1. 对科研工作事业本质的理解；2. 科研工作精神价值观、科研工作道德观、科研工作方法论和认识论；3. 科研工作所产生的社会意义；4. 科研工作与社会活动关系

---

① 本书作者通过大成老旧资源库与国家图书馆中的民国期刊库，均没有找到《科学世界》第 15 卷 1 期。据《十九年来的科学世界》一文记载："一九四六年第十五卷仅刊出一期即因复员而停顿。"〔十九年来的科学世界[J]. 中华自然科学社编行. 科学世界，1950，19（6）：134.〕另据沈其益与杨浪明合写的《中华自然科学社简史》所附的《中华自然科学社大事年表》记载："1946 年 5 月，总社自重庆迁回南京。"〔沈其益，杨浪明. 中华自然科学社简史[J]. 中国科技史料，1982（2）：71.〕可知《科学世界》第 15 卷 1 期应在 1946 年 5 月份之前于重庆发行。

的理解;5.科技政策对科研工作事业的作用①。1947 年 1 月恢复发行的《科学世界》16 卷 1 期中,编辑室在社论部分发表题为《本刊之今后》一文,从这五个方面阐述了今后的编辑方针,先是指出《科学世界》今后普及的科技知识内涵指向基础科学与应用科学方向的科研工作规律,接着说明基础科学与应用科学方向的科研工作之间的密切关系,指出它们的密切关系体现在预流世界科技创新途径,基础科学方向的科研工作所发现的新知是应用科学方向的科研工作开展开端。最后说明只有通过遵循世界科技创新途径,才会实现中国社会发展的理性化,促进国家建设,因此本刊也将从基础科学与应用科学方向的科研工作密切结合途径来普及科学②。《科学世界》以世界范围内科技创新的普及性传播为方向,体现出科学建国时代要求的影响。

其次,总社也开展了《中国科学通讯》的恢复编行工作。先是到 1945 年 9 月抗日战争胜利结束之时,《中国科学通讯》第 10 期刊出后就由于总社复员工作的开展而停刊。直至 1946 年 11 月 17 日总社理事第三次谈话会上,该刊的编行工作被认为仍应继续办理,因此重新得到恢复编行方面的筹备③。经过 1947 年 3 月 7 日总社第十九届第五次理事会会议,以及 7 月 17 日总社常务理事会,《中国科学通讯》经由社内专设委员会的筹备工作而终于得以恢复编行,到 1948 年 2 月之时以《中国科学与建设》的新刊名得到发行④。总社并且指出恢复编行工作的意义在于:国际科技发展趋势表现为经由基础科学方向科研工作带动应用科学方向科研工作,因此专业性科技交流理应发挥这一作用,就是向国外科学界介绍中国基础科学与应用科学方向的科研工作密切结合情形,也就是使得中国科技创新预及世界科技创新

---

① 第三次谈话会记录(三十五年十一月十七日)[J].社闻,(70)二十周年纪念专号(1947 年 8 月 20 日):6.根据记录,在这次谈话会上通过的社论方针原文为:a.普及提倡科学;b.指出反科学之种种事实;c.阐明科学与社会的关系;d.鼓励后进青年;e.建议政府注意科学设施。本书认为这五项表述在学理上指向正文中科学文化理解能力培养的五个方面。

② 编辑室.本刊之今后[J].中华自然科学社编行.科学世界,1947,16(1):1-2.

③ 第三次谈话会记录(三十五年十一月十七日)[J].社闻,(70)二十周年纪念专号(1947 年 8 月 20 日):6.

④ 第十九届第五次理事会会议记录[J].社闻,(70)二十周年纪念专号(1947 年 8 月 20 日):8.
常务理事会暨年会筹备会议记录[J].社闻,(70)二十周年纪念专号(1947 年 8 月 20 日):12.

潮流,以及由这种创新所带来的科技新知的应用趋势。

　　抗战期间,本社为报道战时我国科学界之奋斗,以赢得海外之同情,曾与英国文化委员会合作,编辑英文刊物 *Acta Brevia Sinensia*(中国科学汇刊),由本社编辑,在国内发行,同时交由英文化委员会在英印行分发海外,迄抗战终止,已出刊十期,颇得好评。复员以来,因感平时此项工作之重要,盖以此可获致国际科学之合作,因拟继续并扩大前此工作,俾对于我国科学及技术之进展,作有系统之介绍及宣扬①。

　　《中国科学与建设》的编行工作有助于中国科技创新研究成果转化为科技新知,原因在于,专业性科技交流体现的是科研工作的制度性目标——扩展被证证的知识②,事实上可被视为发挥科技传播系统中的专业交流系统的作用。

　　综上所述,1947年复刊的《科学世界》介绍世界范围内基础科学新知与应用,普及世界范围内科技创新及其应用趋势;1948年创刊的《中国科学与建设》介绍中国基础科学与应用科学方向的科研工作情形。这两方面的社务活动在功能上分别指向科学普及与科技交流,形成科技传播系统中的普及推广系统与专业交流系统。

4.1.2　责任伦理的学科规训形成科技传播系统运行机制

　　科技传播系统运行的关键在专业交流系统与普及推广系统之间,建立科技知识流动的联络机制,使得在科技传播活动中,建立科技创新所需要的科学思维在传播者与受传者之间的同一。由于科技创新是从基础科学方向的科研工作来带动应用科学方向的科研工作,所以这种科技知识流动涉及的是基础科学与应用科学各门学科知识,那么相应的流动途径就在于建立汇总各门科学学科新知的普及方式,根据贝尔纳有关科技交流类型的学理阐述,这种普及方式就是作为专业交流方式的报告类型。具体来说,报告实

① 　总社理事会报告[J].社闻,(71、72合期)(1948年2月):3-4.
② 　孙磊,张培富,贾林海.《中国科学通讯》与大后方的对外科学交流(1942—1945)[J].自然科学史研究,2016(1):422.

质上是一种有关科技创新的综合性文章,论述基础科学方向的科研工作进展及其通过应用科学方向的科研工作的应用情形,也就是基础科学理论进展及其在社会经济领域实现的技术发明与改进创新,并且不仅面向服务于以科研工作作为本职的科技工作者群体,也为社会经济领域中的技术人员与行政管理人员利用来指导工作①。

返视中华自然科学社总社对于《中国科学与建设》和《科学世界》的编辑情形,这两类期刊均以报告作为介绍科技创新的文体,使得作为专业交流方式的报告类型成为科技知识流动的内容。其中的原因则在于责任伦理的学科规训,因为中华自然科学社社员的责任伦理就是从科研工作出发开展科学普及,其中为实行这一责任伦理所凭借的范式就是基础科学与应用科学的学科规训。因此,表达科技创新范式的报告成为这一时期责任伦理的学科规训的表现形式,并且经由责任伦理从专业交流系统扩展到普及推广系统,成为《中国科学与建设》和《科学世界》一致选取的科技创新文体。这在学理上表征的是科技知识在专业交流系统与普及推广系统之间的流动,建立起面向科技创新的以责任伦理的学科规训为内涵的科技知识流动局面,使得科技传播系统中专业交流与普及推广结构之间的功能分化具有制度性联系,以责任伦理的学科规训作为运行机制。根据学科规训制度的学理内涵,这一局面的形成实质上体现的是有关学科规训的制度化安排,也就是说,责任伦理的学科规训形成科技传播系统运行机制。

4.1.2.1 《中国科学与建设》与面向科技创新的学科规训

中华自然科学社确定《中国科学与建设》的编辑方针为介绍中国科研工作进展,包括基础科学与应用科学方向的科研工作,为此在安排刊物内容方面,确定从六个方面来呈现中国科研工作之进展,即"中国科学研究之报道""中国经济建设之进展""中国科学工程研究机关之介绍""中国科学团体之活动""中国科学人物之介绍""中国科学书刊之介绍",并规定前两个方面应各占每期总篇幅的四分之一,而第三、四两方面与第五、六两方面分别结

---

① (英)贝尔纳.科学的社会功能[M].陈体芳译.桂林:广西师范大学出版社,2003:405.

合,各占四分之一①,说明"中国科学研究之报道"与"中国经济建设之进展"是其中的主要部分。从学理上来分析,第一方面对应于基础科学与应用科学方向的科研工作的进展,第二方面则对应于从基础科学方向的科研工作出发带动应用科学方向的科研工作,也就是基础科学理论进展及其在社会经济领域实现的技术发明与改进创新。事实上,《中国科学与建设》创办初衷在于继续《中国科学通讯》的对外科技交流功能,所以将基础科学与应用科学学科进展作为主要内容也是该刊继承性的表现。因为《中国科学通讯》在抗战时期的对外科技交流功能在于以科学技术学科作为知识部类,将大后方基础科学与应用科学方向的科研工作进展予以对外交流。同时这也说明,该刊致力于介绍从基础科学方向的科研工作出发带动应用科学方向的科研工作,这是该刊独创性的体现。结合在《中国科学与建设》创刊时期,预及世界科技创新趋势已经成为中华自然科学社总社社务活动宗旨。因此,这种独创性表征基础科学与应用科学相结合所产生的科技创新情形,并且在刊物所要发挥的对外科技交流功能部分中具有重要性,表明"中国经济建设之进展"方面的论文是专业交流系统中的主体部分。

根据本书作者统计,从1948年2月第1卷第1期发行,到1949年4月第2卷第2期发行后暂时停刊为止,《中国科学与建设》共发表10篇"中国经济建设之进展"方面的论文,以矿产勘探、土地利用、城市规划、石油与化学工业等生产活动作为研究对象(见表4-1),体现的是遵循基础科学与应用科学原理的工程活动,因为工程活动的意义就体现在经济的维度上,旨在通过应用科学原理的实施带来对于工程主体而言的经济效益,也就是工程活动的主导者、规划者、操作者和创新者的经济价值取向②。因而这10篇论文以当时中国的工程活动作为主题,论述基础科学方向的科研工作进步所带来的应用科学方向的科研工作活动进展,通过工程活动所带来的经济效应,表现基础科学方向的科研工作进展通过相应的应用科学方向的科研工

① 总社理事会报告[J].社闻,(71、72期合期)(1948年2月):3-4.
② 李正风,丛杭青,王前.工程伦理[M].北京:清华大学出版社,2016:12.
闫坤如,龙翔.工程伦理学[M].广州:华南理工大学出版社,2016:22.

作应用情形。所以这10篇论文从属于作为专业交流方式的报告类型,体现的就是面向科技创新的学科规训,经由工程活动,将基础科学方向的科研工作进展通过相应的应用科学方向的科研工作实现应用。通过中华自然科学社社员的责任伦理意识,这一面向科技创新的学科规训转化为社员的科学普及方式,成为作为普及推广系统载体的《科学世界》的编辑方向,表现为《科学世界》运用报告普及科学创新研究情形。

表4-1　《中国科学与建设》"中国经济建设之进展"方面的论文(1948—1949)

论文题目	作　者	期　数
工程学研究的展望	茅以升	第1卷第2期
中国的矿产勘探	李庆远	第1卷第2期
西南中国的土地利用的进展	任美锷	第1卷第2期
上海的今天与明天	赵祖康	第1卷第3期
新淮南煤矿是如何被发现的	谢家荣	第1卷第3期
关于通过堆肥处理垃圾与粪便的一个区域研究	王　岳	第1卷第4期
塘沽新港	邢契华	第1卷第5期
中国的石油工业	金开英	第1卷第6期
山东矾土与抽取通过湿制法制造的氧化铝的一个简短描述	阮鸿毅　勾福长　黄雅娥	第2卷第2期
在黄浦江与宜昌之间的长江河谷沿岸的土地利用	钟幼甫	第2卷第2期

图4-1 《中国科学与建设》第1卷第1期封面与目录页

（中国国家图书馆馆藏）

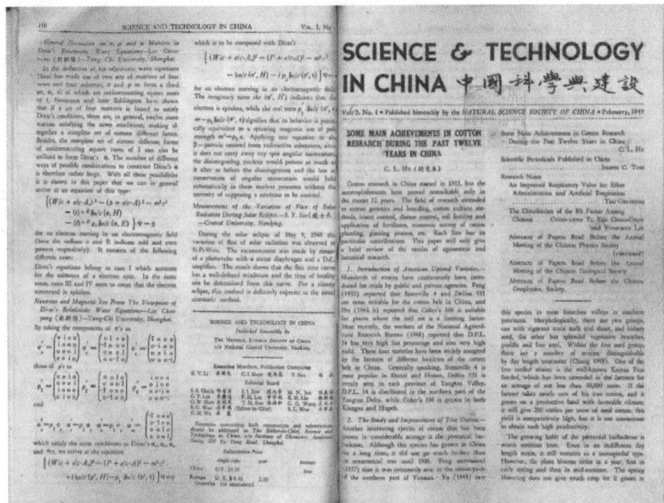

图4-2 《中国科学与建设》第2卷第1期封面与目录页

（中国国家图书馆馆藏）

4.1.2.2 责任伦理推动《科学世界》运用报告普及科学创新研究情形

在科学建国时代要求之下,中华自然科学社社员认识到,当时的科研工作方向在于结合基础科学与应用科学的科技创新研究,总社为此从科技创新研究的学科规训出发,在《中国科学与建设》的编辑这一社务活动中,列出"中国经济建设之进展"栏目,通过报告文体展现工程活动作为基础科学与应用科学相结合的科技创新范式。事实上4.1.1.1节的论述已指出,社员之所以关注这一科学研究方向,源于社员对当时世界科技创新及其应用趋势的相应认识。换言之,社员对当时世界科技创新及其应用趋势的认识从属于他们的科研工作方向,是他们开展科研工作的组成部分。根据中华自然科学社社史,社员将对世界科技创新及其应用趋势的这一相应认识反映在《科学世界》中,其中的动机在于,总社在抗战中普及基础科学新知之时就认识到,世界范围内基础科学方向的科研工作进步所带动的科技创新研究已成为普及内容。然而限于大后方印刷条件限制未能在《科学世界》中予以介绍,为此当战后《科学世界》因迁沪出版而获得较好的印刷条件之时,总社在编辑《科学世界》之时就开始计划系统介绍世界科技创新及其应用趋势。那么对于中华自然科学社社员来说,从科研工作出发开展科学普及的责任伦理意识是他们从事社务活动的动机,而在总社普及科技创新研究情形的过程中,他们认识到科技创新研究情形最终指向的是工业化发展所表征的生产力进步[1],为此以出版专号的形式将报告作为论述世界科技创新研究情形的文体,论述工程活动这一基础科学与应用科学相结合的科技创新范式的载体[2],展现出对于科技创新的学科规训的遵循。

从1947年第16卷,到1949年第18卷,《科学世界》共出版四期专号,分别为原子核专号(1947年第16卷第9期)、航空专号(1948年第17卷第4、5

---

① 张培富,孙磊.156项工程与1950年代中国的科技发展[J].长沙理工大学学报(社会科学版),2011(2):12.

② 这一年[J].中华自然科学社编行.科学世界,1947,16(12):347.

期）、雷达专号（1948 年第 17 卷第 10、11 期）、青微素及其他抗生素专号（1949 年第 18 卷第 1 期）。这些专号将工程活动作为论述主体，反映当时基础科学方向的科研工作进展，及其在交通、国防、医药等领域推动的应用科学方向的科研工作发展。

《科学世界》的运用报告普及科学创新研究情形的编辑方针主旨明确，就是令民众的科技素质提高到理解具有科技创新意义的科技新知的水平，促进科技新知经由科技创新实现向生产力转化①。就此而论，经由 16—18 卷的《科学世界》，有关科技创新的科技新知得以在专业交流与推广普及层级之间实现流动，使得《科学世界》与《中国科学与建设》一道，共同维系面向科技创新的科技传播系统的运行。

图 4-3 《科学世界》1949 年第 18 卷第 1、2 期合刊封面页
（大成老旧刊全文数据库收录）

---

① 编辑室.本刊之今后[J].中华自然科学社编行.科学世界,1947,16(1):1.
本刊征稿简则[J].中华自然科学社编行.科学世界,1947,16(1):2.

4.2　面向科技创新的科技传播系统实践表达科技工作者职业伦理

对于中华自然科学社社员来说,科技传播系统的构建提出了科技工作者职业伦理的命题,因为在科技传播系统中,专业性科技交流体系的构建旨在实现科技知识创新,普及性科学传播体系的构建旨在实现科技知识应用,背后的逻辑则是现代社会中科技知识这种专业化知识运用的客观规律,指向科技工作者职业的伦理规范。

首先,职业主义理论的提出者艾略特·弗里德森指出,作为专业化知识,科技知识的本质在于将专门化的学理转化为生产力,"当任一类别的知识和技术变得非常复杂之时,由于许多分支学科的关系,作为其中一个环节的学理专门化的作用就凸显出来,能够使得人们通过减少宽泛的关注而专注于深入的研究,相应的专门化探索变得更加可为人们所支配且朝向创新的可能性发展。因此这就能使人得到理性的认识,就是专门化的学理是更为常规地与生产力建立起联系,显著地表现在生产、商品与服务的量的增加方面,并且也促进了科学与人文知识的显著增加"①。

其次,专门化探索之所以能够使得专门化的学理转化为生产力,则要从本书绪论部分提及的科技工作者职业的世俗化属性出发来认识,原因在于,要发挥科学知识的工具性专长,围绕现代教育场所而职业化的科技工作者需要发挥一种说服的社会功能,旨在通过说明科学技术学科的学科规训符合公众利益,说服社会对于科学知识的工具性专长这一学科规训产生信任,也就是信任科研工作的意图在于将社会公众的利益置于科技工作者自身利益之上。在这一过程中,关于利益的论述在社会道德价值层面得到评判,表现为职业化的科技工作者通过在价值层面判断与选择工作意义的方式,使得职业化的科技工作者选择公众利益优先上升到道德价值层面来评判。根据 1.3.2 节引述的刘大椿关于科技工作者职业伦理规范的学理论述来看,这

---

① Eliot Freidson. Professionalism:The Third Logic[M]. Cambridge:Polity Press,2001:109.

就指向了职业伦理。按照艾略特·弗里德森关于现代社会职业伦理的历史考察,正是通过构建在道德价值层面表达社会公众利益优先原则的职业伦理规范,职业化的科技工作者的说服活动产生正向功效,使得社会对于科学知识的工具性专长这一学科规训产生的信任合理化,形成对于科技工作者职业伦理的认识,并将这种认识予以表达①。

同时需要说明的是,专门化探索是通过科学技术学科的学科规训展开的创新性科学研究,实现科技知识的扩展;作为学科规训的展开环境,以知识生产与传播体系为内涵的现代教育场所就成为必要的支持性社会制度,令学科规训制度成为对应于专门化的学理转化为生产力的专门化探索的机制②。

综合上述三个方面来看,科技工作者职业伦理的表达是科学技术学科的学科规训制度化实践的题中之义,科技工作者职业伦理的表达以现代科学技术学科的学科规训制度的建立作为背景。那么,在从事形成科技传播系统的社务实践活动中,中华自然科学社总社社员也必定涉及科技工作者职业伦理的表达,事实上在总社于 1947—1949 年期间构建科技传播系统的过程中,社员将遵循的理性主义的意识形态予以道德价值方面的表达,表现科技工作者职业的理性价值取向,从学理上看表征的是对于科技工作者职业伦理的表达。

4.2.1 《科学世界》中科技创新总论的职业伦理意涵

在 1947—1948 年《科学世界》第 16—17 卷的社论栏目中,发表的有关科学文化理解能力培养方面的文章围绕科学建国主题,阐发总社从科技工作者职业的理性价值出发对于科学创新的总体认识,表明这时社员在看待科技创新这一科技工作者职业活动之时,指向科技工作者职业伦理的表达。

4.2.1.1 科技工作者职业的理性价值取向之学理阐释

科技创新是科技工作者职业的理性价值取向的实践方向。首先,贝尔

---

① Eliot Freidson. Professionalism:The Third Logic[M]. Cambridge:Polity Press,2001:213 – 216.
② Eliot Freidson. Professionalism:The Third Logic[M]. Cambridge:Polity Press,2001:123.

纳在《科学的社会功能》一书中指出："科学作为一种职业,具有三个彼此互不排斥的目的:使科学家得到乐趣并且满足他天生的好奇心,发现外面世界并对它有全面的了解,而且还把这种了解用来解决人类福利的问题。可以把这些称为科学的心理目的、理性目的和社会目的。"①可知在科研工作活动中,基础科学方向的科研工作旨在发现自然规律,体现的是科技工作者职业的理性目的,应用科学方向的科研工作旨在实现自然科学理论的物化,体现的是科技工作者职业的社会目的。其次,贝尔纳进一步指出,科技工作者职业的最终指向在于,在实现社会目的的过程中,由于社会目的在建造物质文明方面的指导意义,使得理性目的扩展成为现代社会的运行规则,这被称之为科学的社会意义:"科学意味着要统一而协调地,特别是自觉地管理整个社会生活;它消除了人类对物质世界的依赖性,或者为此提供可能性。单单知道有这种可能性,人类就会策马前进,直到他们实现这种可能性为止。"②科技创新所要实现的发展生产力功能指向的是科技工作者职业的社会目的,将基础科学方向的科研工作发现的自然规律用到应用科学方向的科研工作中,实现自然科学理论的物化过程,深入来看则是对于科研工作的理性目的的信仰,因为其中的途径则在于凭借科研工作对于现代人类物质文明建设的指导力量,将科研工作方法从研究自然规律扩展到研究社会规律③。

以理性作为根本性的价值取向对于科技工作者职业而言具有伦理意蕴。科技工作者职业以理性作为价值取向,使得作为现代社会道德原则的理性赋予科技工作者职业以伦理要求。根据本书 2.4 节结语部分关于责任伦理与理性道德化的论述可知,理性本身成为现代社会的道德原则使得责任本身成为理性伦理的表现形式,由于现代社会中职业对于专业化知识的运用在于实现社会理性化,所以职业通过职业责任体现理性伦理,也就是说职业责任在这一意义上可被视为责任伦理。然而更进一步来说,2.4 节结语部分还指出,职业责任及所衍生的责任伦理只是专注于专业化知识的运用,

---

① (英)贝尔纳.科学的社会功能[M].陈体芳译.桂林:广西师范大学出版社,2003:150.

② (英)贝尔纳.科学的社会功能[M].陈体芳译.桂林:广西师范大学出版社,2003:544.

③ (英)贝尔纳.科学的社会功能[M].陈体芳译.桂林:广西师范大学出版社,2003:545-546.

体现的是职业的目的与手段，而以科技工作者职业为代表的现代社会中的职业运行还涵括职业的动机——遵从理性的要求认识客观规律。这就涉及科技工作者职业的理性目的之实现，对于以科技工作者职业为代表的现代社会中的职业来说，这为责任伦理的发挥提供了作为前提条件的规范，成为责任伦理本身所从出的理性价值取向之来源。因此可以认为，只有当科技创新发展成为科技工作者职业所从事的基本活动之时，科技工作者职业才能实现以理性作为根本性的价值取向，并为科技工作者职业本身所蕴涵的责任伦理提供规范，而正是在提供规范的意义上，以理性作为根本性的价值取向赋予了科技工作者职业以伦理意蕴，这就是科技工作者职业伦理①。

返视本书主题，科技传播系统以科技创新作为所要发挥的功能，使得在科技创新活动中，基础科学方向的科研工作与应用科学方向的科研工作之间建立起一种连贯性联系，成为科技创新活动中两个前后相连的环节。先是开展基础科学方向的科研工作，以形成具有创新性的关于自然规律的科学理论，然后通过应用科学方向的科研工作，将科学理论物化为面向生产力的技术产品与生产工艺，并经由工程活动实现在工业产业层面上的应用，从而转化为切实的发展生产力过程②。这一联系的过程之所以得以建立，从根本上来看源于科技工作者职业的理性价值取向属性。在中华自然科学社社

---

① 本书之所以提出在为责任伦理提供规范的意义上，以理性为根本性的价值取向赋予了科技工作者职业以伦理意蕴，形成科技工作者职业道德，源于国内学者崔宜明与陈大兴关于职业道德的论述。崔宜明指出，职业道德起源于近代以来西方社会所揭橥的理性精神成为人所认知的关于自身的本质，因此人为体现这一本质，就必须在实践中塑造一种人本身的职责。这种职责就是将理性精神作为行为准则，体现由理性价值所赋予的不依靠外在而是来自人的理性思维的人本身的尊严，以实现人的自由意志。这使得近代以来社会理性化过程中兴起的职业成为集中体现人本身的职责的领域，因为职业本身的目的在于提供由理性所塑造的秩序，使得人在社会理性化过程中能够参与理性实践，这就形成了职业责任的概念。而根据陈大兴的论述可知，伦理本身的涵义指向为人的行为提供客观的道德规范，这种道德规范本质上是职业工作者需要遵从的关于自身职业特征的总体性的道德方面的价值要求，而这就是职业道德。因此，以理性作为根本性的价值取向为科研工作职业蕴涵的责任伦理提供了规范，可被视为科技工作者的职业道德。

参见：崔宜明.韦伯问题与职业道德[J].河北学刊,2005(4):22-24.

陈大兴.论学术职业道德的属性及其塑造[J].自然辩证法研究,2013(10):50-51.

② 贺善侃.论科技创新的社会价值[C].陈凡,秦书生,王健主编.科技与社会(STS)研究(2010年,第4卷),沈阳:东北大学出版社,2011:280.

员的认识中,开展应用科学方向的科研工作来发展生产力的目的在于为人类提供物质福利,前提是增进基础科学学科知识,其中的逻辑是基础科学方向的科研工作旨在发现科学规律,这是通过应用科学方向的科研工作来发展生产力以实现科技创新的根本所在。那么这种生产力发展的最终目的就是使得社会运行在理性规律层面上展开,所以这就符合贝尔纳的上述论断:科技创新一方面阐扬科技工作者职业的理性目的,另一方面为这种目的提供实现可能性,使得科技工作者职业本身与韦伯所阐发的现代社会中的其他职业一样,"不单单是谋生的工具,而在根本上是属于信仰的事情……也就成为包含着崇高价值理念的现实活动"①,这种价值理念就是理性价值。

因此本书认为,中华自然科学社在1946—1949年间重塑《科学世界》主题,并编行《中国科学与建设》,从而构建出面向科技创新的科技传播系统,这在学理上来说表明到这一时期,社员意识到从事科研工作所遵循的科技工作者职业伦理,并且形成实践这一伦理的自觉意识。他们这一认识的实质在于,应用科学方向的科研工作面向生产力进步,能够阐扬科技工作者职业的理性目的。通过考察科技传播系统的具体实践情形可知,社员意识到的科技工作者职业伦理是在《科学世界》的编行过程中得到阐发的,该刊在介绍世界科技创新及其应用趋势部分具有深刻的指向性,这一指向性旨在说明,科技工作者职业的理性目的是符合社会公众利益的现代中国社会发展方向,进而说服社会对于科技工作者职业的社会目的产生信任,从而在社会理性化这一道德层面表达社员所意识到的科技工作者职业伦理。

4.2.1.2　科技创新总论与科技工作者职业的理性目的

本书在4.1.1.2节指出,中华自然科学社总社对于战后复刊的《科学世界》社论方向予以规划,认为应该从科学文化理解能力的培养方面提倡普及科学,根据对于《科学世界》16—17卷的社论考察,其中所提倡的普及科学意指科技创新,指向从基础科学方向的科研工作出发开展应用科学方向的科研工作。这是从关于对科技事业本质的理解方面的论述来表达的,以1948

---

① 崔宜明.韦伯问题与职业道德[J].河北学刊,2005(4):23.

年第 17 卷第 1 期社论之《发展中国科学之前提》较具有代表性。

在《发展中国科学之前提》一文中,作者指出这篇社论的立意源于 1947 年 8 月七科学团体联合年会后的社员讨论,当时中华自然科学社社员曾检讨社务活动,认为当下的社务活动应该从当前中国科研工作实际情形及存在的问题出发,面对国内科技工作者科技创新氛围低落导致科研工作停滞不前问题,探索中国科研工作预及世界科技创新及其应用趋势的途径,提出发展中国科研工作之前提这一命题,包括四个方面:其一是为基础科学与应用科学方向的科研工作创造和平发展的社会秩序;其二是政府对于科学建国需有科技工作者职业是以理性为根本价值取向的基本认识,为基础科学与应用科学方向的科研工作提供科研工作设备等物质基础;其三是工商界为基础科学与应用科学方向的科研工作创造利用与补助的环境,实现科技创新向生产力转化的局面;其四是发展科技教育,令民众对于基础科学与应用科学方向的科研工作促进现代社会理性化形成认识,为科技创新提供必需的理性文化氛围①。可见在社员的意识中,提倡普及科学指向的是提倡连接基础科学与应用科学方向的科研工作的科技创新。作者最后指出,现代文明的基础在于科学时代的理性文化,因此科学建国就是要将提倡科研工作作为现代中国的基本国策,这是中华自然科学社社员的共同认识②。

站在理论层面来看,对于中华自然科学社社员来说,他们已经意识到科技工作者职业所追求的理性目的构建了现代文明的价值取向,科技工作者职业所追求的社会目的则构建了现代文明的物质基础,所以提倡普及科学就在于提倡科研工作,包括基础科学方向的科研工作与应用科学方向的科研工作,最终通过造就科技创新局面实现科学建国目标。那么可以说,在科学建国的时代要求之下,中华自然科学社社员是从科技工作者职业出发来理解科学普及事业本质,令他们所提倡的普及科学具备科技创新意蕴,成为他们说服社会对于科技工作者职业的社会目的产生信任的前提,并以此来

---

① 发展中国科学之前提[J].中华自然科学社编行.科学世界,1948,17(1):1-2.

② 发展中国科学之前提[J].中华自然科学社编行.科学世界,1948,17(1):2.

表达他们所从属的科技工作者职业伦理。

4.2.2 基础科学方向的科研工作的职业伦理意义认知

本书在 4.1 节已经指出,中华自然科学社总社构建科技传播系统这一社务活动本身具有学理意蕴,它表明科技创新成为社员所认知的国内科技工作者应从事的本职工作,要求社员认识到基础科学方向的科研工作已成为科技创新的基本环节,用来发挥科学知识的工具性专长,指向的科技学创新的发展生产力功能,需要社员开展有关基础科学方向的科研工作的面向社会的说服工作,说服社会大众认可基础科学方向的科研工作带来的生产力效用符合社会整体利益。当时,中华自然科学社社员经由《科学世界》开展面向社会的说服工作,首先指出,基础科学方向的科研工作旨在发展理性化的社会文化这一现代文化形态,进而通过 1947—1949 年《科学世界》专号编行工作,具体说明基础科学方向的科研工作具有的这一作用。综合来看,他们指出,基础科学方向的科研工作通过增进理性以促进理性化的社会文化发展,这符合社会整体利益的方向所在,显示出以理性作为根本性的价值取向,表达科技工作者职业的理性目的属性在于科技工作者职业伦理。

4.2.2.1 《科学世界》社论总论基础科学方向的科研工作

在 1947—1949 年的《科学世界》中,提倡科技创新的社论文章通常将介绍世界科技创新及其应用趋势作为主题,论述国内科技工作者将科技创新作为科研工作本职方向所应选取的实践途径,其中基础科学方向的科研工作被视为具有增进理性的效用,能够促进理性化的社会文化发展,表明科技创新符合中国社会的整体利益。这体现在下述社论文章中。

在《科学世界》16 卷 3 期中,社员陈岳生撰写的《科学家的责任与成功》一文作为社论发表,其中先是指出近代以来西方基础科学方向的科研工作致力于揭示自然规律,指导应用科学发展展现物质文明建设功用从而为社会运行提供法则。对于现代文明而言,基础科学方向的科研工作效用在于用理论建构揭示自然规律与社会法则,因此科技工作者有责任不为世俗功利价值观所左右,完全站在无私利地探索真理的立场上,展开基础科学方向的科研工作①。

这篇社论提出的上述认识在《科学世界》16 卷 5 期的社论中得到进一步展开,在题为《科学——无垠的境界》的社论文章中,作者李国鼎指出这篇社论的题目立意源自美国科学家布什(Bush)所写的同名国策报告,旨在介绍这一在二战即将结束之际反映美国科学界关于科研工作发展方向的报告,因为报告中的内容也代表了中华自然科学社社员的相应认识。李国鼎在文章中指出,报告提出了四个方面的科研工作发展方向,其中之一为政府扶助科研工作的可行的方向与方式,Bush 认为政府"应提倡基本研究(Basic Research),其策动此项基本研究时,固不应计及其实际成效及应用,其目的仅在增加一般智识,因而对自然界增加了解,其结果事实上常对于解答实际问题获益良多。基本研究实为一项科学资本,而其以后应用时所获之利益,则不可以道里计。国家如赖他国之基本科学研究者,其工业发展必甚落后,纵其机械发达,亦难于竞争也"②。当时中华自然科学社社员共同认识到,基础科学方向的科研工作具有理论构建自然规律与社会法则的原理设立效用,最终要实现的作用在于增加现代社会有关自然规律方面的智识,如此可以在操作意义上增加人类对于现代社会运行的把握水平。

上述中华自然科学社社员的认识表明,他们意识到现代社会运行的目标在于发展理性化的社会文化,而基础科学方向的科研工作作用就体现在具有增进理性效用,从而能够促进这种发展。本书绪论事实上已经指出,理性的本质在于符合经验事实的逻辑分析与抽象推理,理性化的社会文化以理性作为社会价值取向,崇尚的是建立在经验证实基础上的对规律进行逻辑陈述的科学知识。开展基础科学方向的科研工作以增加现代人有关自然规律方面的智识,这就指向了增进理性以及增进理性背后的发展理性化的文化认识,表达的是科技工作者职业的理性目的,也就是以理性作为根本性价值取向的科技工作者职业伦理。

---

① 陈岳生.科学家的责任与成功[J].中华自然科学社编行.科学世界,1947,16(3):89.
② 李国鼎.科学——无垠的境界[J].中华自然科学社编行.科学世界,1947,16(5):147-148.

4.2.2.2 《原子核专号》卷头语所表征的具体论述

在 1947—1949 年《科学世界》所发表的专号中,基础科学方向的科研工作具有增进理性效用,这在各门学科的科技创新论述中均得到具体论述。其中物理学科方面的围绕原子核研究的科技创新论述直面原子时代这一命题,基于当时原子时代的到来是战后科技创新最为显著的标志性成就这一时代主题,这方面的文章最为直接地反映了物理学理论研究带来的应用科学方向的科研工作成果及其影响。所以《原子核专号》对于基础科学方向的科研工作着墨最多,用来论述物理学科方面的科技创新情形,对于基础科学方向的科研工作的增进理性效用来说,这一专号的相应论述予以了充分的具体说明,可以作为专号的代表性论述,而有关这方面的论述则集中体现在《原子核专号》卷头语的论述中。

作为专号编者,李国鼎在《卷头语》中对于专号中各篇文章进行了集中介绍,首先指出,专号第一篇文章系统介绍原子核知识的文章题为《原子核物理发展年表》,论述了原子核物理的基础科学方向的科研工作历程,系统还原了原子核物理的发展情形,说明从天然放射性物质到人造放射性物质是基础性科研工作的顺次展开。这种展开使得物理学界对于原子构造形成系统的科学认知,了解到铀元素的分裂会产生极大能量,因此在二战这一战争刺激下进行了原子弹方面的应用科学方向的科研工作。其次指出,专号中另有两篇文章也以介绍基础科学方向的科研工作为职志,分别是《各种基子之发现及其性能》与《天然和人造放射性物质的发现及提炼》,论述对于原子构造认识起到关键作用的近代物理学上有关基子的基础性科研工作,以及天然与人造的放射性物质发现经过与详细提炼方法,指出这些理论知识的获得表征人类对于宇宙物质的自然科学认知[①]。这些自然科学认知本质上源于经验与逻辑相结合的理性认知,所以可以说,这些理论知识就是对于自然规律的理性认知,表明基础科学方向的科研工作的增进理性效用。

李国鼎指出的关于原子核的物理学科基础科研工作的认识具有代表

---

① 李国鼎.卷头语[J].中华自然科学社编行.科学世界,1947,16(8、9 期合刊):225-226.

性,中华自然科学社总社稍后将《科学世界·原子核专号》出版,作为"科学世界丛书"第一集,并请地质学家翁文灏为这本书作序。翁文灏在序中指出,物理学家的基础科学方向的科研工作旨在增进理性的科学知识,可视为对于基础科学方向的科研工作的增进理性效用的具体论述:

> 最近十余年来物理学家殚心竭虑,从事原子核性能之研讨,积人类之智慧,穷悠长之岁月,始悉原子核内蕴涵"能"量,数值惊人,宇宙"能源"斯实为秘藏之处所,如何引出以供吾人役使,是为近年物理学上久悬待决之事①。

4.2.3　应用科学方向的科研工作的职业伦理意义认知

在科技创新作为科技工作者工作本职的学理层面中,基础科学方向的科研工作最终目的在于为应用科学方向的科研工作提供理论基础,实现基础科学方向的科研工作发现的自然科学新知经由科技创新向生产力转化的过程,这就指向了上文中所述科技工作者职业的社会目的,旨在提供作为科技工作者职业的理性目的的实现可能性。综观中华自然科学社社员藉由《科学世界》所开展的普及性科技传播活动,可知他们在从科技工作者职业的理性目的出发,说明基础科学方向的科研工作所发展的理性化的社会文化符合社会整体利益的同时,最终以应用科学方向的科研工作作为旨归,通过应用科学方向的科研工作所带来的使得基础科学理论新知向生产力转化功能,说明理性化的社会文化的实现可能性所在,指向的是应用科学方向的科研工作的物质文明建设功用,进一步说服社会大众信任科技创新,表达的是以理性目的为内涵的科技工作者职业伦理的实现可能性途径。

4.2.3.1　《科学世界》社论总论应用科学方向的科研工作

在 1947—1949 年的《科学世界》社论文章中,有关中国科学建设途径的文章从应用科学方向的科研工作旨在建设物质文明出发,总体论述中国科

---

① 翁文灏.翁文灏先生序[C].李国鼎主编.科学世界丛书第一集·原子核论丛,中华自然科学社出版:1947.

学建设表现为作为科技创新组成部分的应用科学方向的科研工作,说明应用科学方向的科研工作旨在建设物质文明反映科技工作者职业的理性目的。他们认识到,应用科学方向的科研工作意义在于作为科技工作者职业的理性目的实现可能性途径。这体现在两篇社论文章中,分别是李方训的《科学与中国》(第16卷4期)、李晓舫的《建国一大需要——科学的技术人才》(第16卷11期)。

从逻辑上来看,首先是《建国一大需要——科学的技术人才》一文指出,应用科学方向的科研工作指向的是物质文明建设的功用。科学建设本身对于中国社会发展的意义在于走上解决民生问题的工业化道路,需要应用科学方向的科研工作在中国社会得到发展,因为应用科学方面的研究指向的是工业建设,表现为应用科学方面的学科专业与工业建设领域一一对应。作者具体指出了这种对应关系在当时中国科学建设中的现实表征,土木、机械、矿冶、电机、水利、建筑、化工、织染、轮机、地质等,既属于科学建国时代要求所需要学科专业种类,也指称科学建国时代要求所指向的工业建设领域,反映出一种直接的对应关系。作者认为,从根本上来说,这种对应关系所呈现的物质文明建设图景是当前及今后国家建设的重心所在,为此必须重视应用科学方向的科研工作在国内科学界的开展①。

其次是社论部分的《科学与中国》一文指出,对于中国国家建设而言,应用科学方向的科研工作指向物质文明建设还有深层意义,它是科技工作者职业的理性目的实现途径,指示在中国塑造适应世界范围内科学创新趋势的理性化的社会文化。李方训在这篇社论文章中指出,无论是基础科学还是应用科学方向的科研工作,在20世纪20年代以来直至40年代已经具有了长足的进步,然而世界范围内科技创新趋势的展现则令中国科技工作者意识到,现时中国科研工作进步情形已经落后于世界趋势,需要迎头赶上世界科技创新趋势,中国科技工作者需要紧跟世界科技创新趋势开展基础与

① 李晓舫.建国一大需要——科学的技术人才[J].中华自然科学社编行.科学世界,1947,16(11):325.

应用科学方向的科研工作。作者认为开展应用科学方向的科研工作以建设物质文明是主要方面,这是中国社会从根本上接受科技知识的必要途径,使得物质层面的理性化运行引导中国社会在价值观层面完全接受科技知识,促使科技工作者职业的理性目的能够塑造中国社会的主流价值观,令中国社会树立起以理性作为根本性的价值取向①。事实上,无论是基础科学抑或应用科学方向的科研工作,"科学研究的对象自然是物质,但此种研究必须有求知的精神,不苟且的精神,打倒一切的偶像,向求真方面走去,始能得到物质的究竟"②。可见应用科学方向的科研工作也如同基础科学一样,凭借注重揭示客观规律的结合逻辑与经验的理性来指导,表明科学求真精神就是以理性作为根本性的价值取向。

在中华自然科学社社员的认识中,应用科学方向的科研工作被视为科技工作者职业的理性目的的实现可能性途径,究其原因,他们已经形成一种常识性认识,认识到现代理性化的社会文化决定了人类幸福取决于两个方面:一是基础科学方向的科研工作所表征的人类对于客观规律的理性认知,代表了现代社会理性思维所追求的探求新知这一良知;另一是应用科学方向的科研工作所表征的人类对于物质文明的建设,代表了现代社会理性思维所追求的人对于客观规律的主体性把握,而正是通过这种主体性把握,人对于客观规律的理性认知才能转化为现实的生产力③。这一常识性认识体现在《科学世界·专号》的具体论述中。

4.2.3.2 《科学世界·专号》的具体论述

在1947—1949年的《科学世界》的四期专号中,通过专门性应用科学方向的科研工作案例的展现,应用科学方向的科研工作作为理性目的的实现可能性途径得到了具体论述,体现为专号中的各篇文章编排序列逻辑有一定的主旨,旨在凸显基础科学方向的科研工作向应用科学方向的科研工作转化的过程属性,说明这种转化所发挥的发展生产力功能指向物质文明的

---

① 李方训.科学与中国[J].中华自然科学社编行.科学世界,1947,16(4):119.
② 李方训.科学与中国[J].中华自然科学社编行.科学世界,1947,16(4):120.
③ 丁骕.学以致用[J].中华自然科学社编行.科学世界,1948,17(3):61-62.

建设,表征人对于客观规律的主体性把握。而经由这些具体论述,科技工作者职业的社会目的为理性目的提供了实现的可能性所必由的途径。

这四期专号包括原子核专号(1947 年第 16 卷第 9 期)、航空专号(1948 年第 17 卷第 4、5 期)、雷达专号(1948 年第 17 卷第 10、11 期)、青微素及其他抗生素专号(1949 年第 18 卷第 1 期)。每一期专号的卷头语均说明文章排列顺序背后的逻辑,综合而言,它们先从当时世界科技创新趋势出发,论述发展各项应用科学方向的科研工作的重要性:这些由基础科学方向的科研工作转化而来的应用科学方向的科研工作促进生产力发展,体现的是基础科学方向的科研工作所发现的自然科学新知的应用价值;应用价值源于基础科学方向的科研工作经由理性认知所发现的客观规律,也就是自然科学原理,说明基础科学与应用科学方向的科研工作进步代表社会理性化程度的增进。这可以原子核专号卷头语具体说明。

原子核专号的卷头语详细地说明了专号内文章编排顺序背后的逻辑思路。作者李国鼎指出,专号将《原子核物理发展年表》作为第一篇介绍原子核知识的文章,是要首先在社会大众中树立一个关于原子核物理发展情形的系统观念;第二篇文章标题为《各种基子之发现及其性能》,介绍原子核物理中的核心观念基子及其作为原子构造最基本元素的作用机理;第三篇文章标题为《研究原子核之工具》,指出在了解基子用途的基础上如何找出并发挥原子核的应用价值;第4—8 篇文章则依次介绍原子核物理知识的自然科学原理,以及西方物理学界发现的有关这种自然科学原理的应用方向,包括军用方面之原子弹制造,与民用方面之燃料升级、生物本身的新陈代谢等;最后第9—14 篇文章详细阐明了原子核物理知识中的各方面科学原理,包括宇宙线现象、铀与超铀元素、稳定同位素与不稳定同位素等①。原子核专号的文章编排逻辑显示,对于原子核物理这一科研工作新领域而言,基础科学方向的科研工作带动应用科学方向的科研工作实现科技创新;而正是应用科学方向的科研工作所体现的生产力功能为现代社会指示进步方向,

---

① 李国鼎.卷头语[J].中华自然科学社编行.科学世界,1947,16(8、9 期合刊):225 - 226.

这就是原子核物理知识作为自然科学新知标志着现代社会进步的方向。因此,现代社会进步需要对于作为理性知识的原子核物理知识进行理性掌握。对于本书主题而言,这表明应用科学方向的科研工作具体化为科技工作者职业的理性目的的实现可能性途径。

4.3 本章小结

综观本章论述,可知本章的论点在于两个方面:一是在 1947—1949 年期间,中华自然科学社社员的责任伦理实践机制之学科规训走向了制度化运行路径;另一是责任伦理的学科规训制度化运行使得社员表达科技工作者职业伦理。

首先,在 1947—1949 年期间,中华自然科学社总社从科学建国时代要求出发,以科技创新为导向引导社员开展责任伦理实践,使得所开展的社务活动虽然在形式上承接了之前的科技交流与普及架构,但是在实质上却指向了对于科技传播系统的构建,使得分别作为社员本职工作与社会责任的科研工作与科学普及之间形成新关联,从科研工作出发开展科学普及的责任伦理转向面向科技创新的科技传播结构,科学普及成为科研工作所带来的科技新知向生产力转化机制,发挥的是在指向科技创新的科技传播结构中实现科技知识应用功能,从而为责任伦理构建出一种制度化安排,令作为责任伦理运行机制的学科规训走向学科规训制度化。因为对于社员来说,科研工作不再是单纯地探索真理的本职工作,而是科技知识向生产力转化的科技传播系统的组成部分。这时科学普及对于社员的意义就发生变化,指向令社会大众的理性思维提高到理解科技新知的程度这一方面,形成了科技传播结构中的科技知识应用面向。因此,社员在遵循科研工作路径之学科规训开展科学普及时,学科规训就成为科技传播结构的运行机制,呈现出一种学科规训制度化运行图景。

其次,学科规训制度化运行实质上对应于专门化学理向生产力的转化过程,在这一过程中,社员需要通过面向社会大众的说服活动来发挥科学知识的工具性专长,也就是在道德价值层面,说明这一面向生产力的转化符合社会公众利益而不仅是科技工作者自身利益。为此,表达科技工作者职业伦理就成为必然的说服方向,原因在于,科技工作者职业的理性目的在于以理性作为根本性的价值取向,需要科技工作者职业的社会目的也就是应用科学功用提供实现可能性途径,表达现代社会理性化发展趋势在社会价值上的内涵,在价值取向上,要求说明科技知识向生产力转化符合现代社会的根本利益,表述这一转化能够增进符合现代社会理性化发展趋势的理性的价值理念。中华自然科学社社员在科学普及实践活动,通过表达上述科技工作者职业伦理的两层内涵,他们展开面向社会大众的关于科技创新的说服活动,表征科技工作者通过综合性科学社团建制表达科技工作者职业伦理的历史图景。

结 束 语

通过本书第一至第四章对于中华自然科学社社史的科学社会史考察，可知社团的社务活动历程在民国科学史上呈现出形塑科技工作者职业伦理的意义，经由民国综合性科学社团对于科技工作者职业理念的制度伦理化实践，科技工作者职业理念转向科技工作者职业伦理，这一实践具有特定的社会建制化规律，规制民国综合性科学社团发展成为民国社会的公共领域建制，将科技工作者职业旨在发展理性化的文化功能转化为近代中国社会的理性化事务。

科技工作者职业理念来源于现代性的科学性价值规范维度，表现为由于科学知识具有作为客观实在知识指向造就物质文明的工具性效用，现代性以展现科学知识的确证性本质与功利性效用作为价值取向，塑造出科技工作者职业内在的理论指导实践的结构性联系，构成以发挥科学知识的工具性专长为内涵的科技工作者职业理念。当近代以来现代性在中国社会得到展开之际，由科学知识所塑造的现代性的科学性价值规范维度在民国时期得以形成，这就令与现代性事实相联系的科技工作者职业理念在民国时期兴起，成为中华自然科学社缘起的思想动力。揆诸中华自然科学社社史，社团成立初衷在于应用科技知识作用于中国社会发展进程，令中国西部地区的科学落后情形得以改变，以华西自然科学社作为社名，这正是地缘性结社理念与来自现代性的科技工作者职业理念相结合的体现。而到成立第二年之时，社团考虑到科技落后在全国范围内的普遍性，以及新加入社员籍贯不限于四川一省，遂更改社名为中华自然科学社，专门以科技工作者职业理念作为结社理念,在学理上来看转向形成围绕科技工作者职业理念的业缘化科学社团,凸显出社员开始由民国科技工作者关于自身社会角色意识主导来认知社务活动,使得围绕科技工作者职业而形成的业缘性社会关系开始在社团中形成,社员认同他们所具有的民国科技工作者社会角色意识,以专业性的程序化合作模式作为在社务活动中的业缘关系规范,表现为社员遵循科学大众化理念,认同并实践这一理念所规定的科学大众化道路:在增进科技知识基础上,通过科学普及实现科技知识的应用,以创刊《科学世界》作为表征,在学理上来看,科学大众化道路指向发挥科学知识的工具性专长,而这种发挥遵循科技工作者职业的令社会理性化功能路径,也就是全维度科普理念所规制的科学普及规范,表征对于作为业缘关系规范的专业性的程序化合作模式的具体塑造。

科技工作者职业理念引导社员走向科技工作者职业的令社会理性化功能路径,这表明,在社员的社务理念中,发挥科学知识的工具性专长成为一种具有理性化意蕴的社会公共事务,在 1935 年国内科技工作者提倡所肩负的科学救国责任的社会氛围中,中华自然科学社举行第八届年会,通过年会宣言形式表达走科学大众化道路之于科学救国的意义所在,在学理上而言表达建立在科技工作者职业理念基础上的科学家的社会责任。由于这一社会责任源于科技工作者的社会角色,是对于科技工作者的社会角色功能之发挥,而科技工作者的社会角色功能就是实现科技工作者职业的令社会理性化功能。所以第八届年会宣言的内容与举动本身表明中华自然科学社的社务理念转向,指向将发挥科学知识的工具性专长作为一种理性化的社会公共事务内涵。

中华自然科学社社员在社务活动中承担科学救国责任,这表明,作为社会自发形成的社会团体,中华自然科学社承接与维系具有令社会理性化意蕴的公共事务,并且为此在第八届年会上,建构出关于发挥科学知识的工具性专长这种理性化的社会公共事务的运行机制,使得发挥科学知识的工具性专长的理性化的社会公共事务具有制度性运行空间。由于在 20 世纪中国社会语境中,公共领域的形成机制在于理性化的社会公共事务具有制度化运行空间,生成由理性来规制的具有自主性的社会空间,其中业缘化社会团体发挥作为公共领域建制创造与运行这一社会空间的作用,因此中华自然科学社到第八届年会之时发展成为民国社会的公共领域建制。

第八届年会宣言提出社员对于发挥科技工作者职业的令社会理性化功能的共识,使得作为公共领域建制的中华自然科学社建立起理性主义的意识形态:将科研工作的理性化模式转化为社会发展的理性化目标。具体来说,中华自然科学社社员参与社务活动旨在实践发挥科学知识的工具性专长,他们致力于这一理性化的社会公共事务其实是在表达一种信仰,这就是对于科学理论转化为社会实践的真实性的信仰:人类能够运用理性认识客观世界的本质与规律并按照理性的规则行事。这一信仰来源于围绕现代性事实生成的科技工作者职业理念,是以科研工作作为职业的科技工作者对于自身理性化的道德属性的相应认识:科技工作者职业维系的是理性知识与实践之间的结构性制度联系,展现科技知识与现代社会的理性化价值取向之间的正向关系,体现理性主义的意识形态对于科技工作者职业所维系的结构性制度联系的规制。正是在理性主义的意识形态规制下,中华自然科学社从 1936 年开始探索科技知识的有效运用途径,摸索科研工作的理性化模式转化为社会发展的理性化目标的实践路径,通过 1936 年 6 月的第九届年会运行机制,经由年会决议,理性主义的意识形态成为社团所要实现的社会功能,被规定为社员的义务。在义务性规制下,社员经由所认知的中国社会各方面对于科技知识的现时需要,认识到将科研工作本职与科学普及建立起互动联系是有效的做法,使得从科研工作出发开展科学普及成为科技工作者职业理念的表现形式,影响及于社员对于科技工作者职业理念形成本质性认识。他们认识到,科研工作生成的理性知识与理性知识的实践之间具有结构性制度联系。

理性主义的意识形态之建立对于中华自然科学社具有深层次影响,令科技工作者职业理念的功能不再仅仅局限于维系社员之间的业缘化关系,而是增加了维系科技工作者职业的有效社会运行的功能。根据职业主义理论,职业作为一种社会工作是以专业化知识的有效运用为内涵的,因此科技工作者职业作为一种社会工作也维系于科技知识的有效运用,这需要一系列相互依赖的社会活动构成围绕职业的组织化运行环境来维持,那么中华自然科学社所开展的科学普及活动在理性主义的意识形态规制之下,成为以科技工作者作为职业的社员有效运用科技知识的途径,表明综合性科学社团本身成为科技工作者职业的组织化运行环境。由于科技知识的有效运用呈现出科技工作者职业的理性化道德属性,因此综合性科学社团这一组织化运行环境对应的是建构职业的道德准则,其中的建构逻辑在于科技知识这一专业化知识运用的价值取向制度化,通过制定规定科技知识的利他性价值取向的规章制度,以及这一规章制度自身的自然演绎,建立起关于科技工作者职业的道德准则的制度性规范,形成科技工作者职业的制度伦理,显示科技工作者职业的伦理标准与规则。所以,对于中华自然科学社来说,理性主义的意识形态之建立使得社团体制化走向科技工作者职业的制度伦理化,要求从科研工作出发开展科学普及成为社员自觉的责任伦理意识,经由责任伦理的学科规训制度化演绎为科技工作者职业伦理。

从科研工作出发开展科学普及从 1936 年开始在社员中得到实践,演化为基于《科学世界》建立起的一种关于这一联系的固定的表达机制,先是在抗日战争全面爆发前,社员郑集代表总社呼吁社员在从事科研工作时,要从中华自然科学社致力于发挥科学知识的工具性专长这一社务规定出发,认识到科研工作本身需要与当时中国社会科学化方向相结合,以有利于社员按照令中国社会实现科技知识普遍应用的社务活动要求,从事科学普及社务活动;后来经由《科学世界》第 6 卷的《战时科学专号》与"调查"栏目的设置,这一呼吁具有了固定化的运行机制基础。这一实践虽然因为抗战全面爆发,总社社务活动停滞而中断,但是当总社迁往重庆并恢复社务活动之后实现了重启,当时抗战建国时代要求规制大后方科技工作者开展与时代要求相称的科研工作,中华自然科学社为此适时重新恢复从科研工作出发开展科学普及的社务实践,而在这一过程中,社员所认知的这一责任伦理则遵循规律走向学科规训化实践路径,为责任伦理的制度化提供了前提条件。这是经由总社通过科技布局引导社员开展相应的科研工作来实现的。

　　首先是在 1938—1941 年期间,抗战建国时代要求侧重抗战意向使得应用科学方向的科研工作方向成为社会思潮,大后方与海外社员在这一社会思潮中形成共识,认为战时社务的努力方向在于发挥科学知识适应国家战时要求的工具性专长,向大后方科技工作者提出从科研工作出发实现科技知识的战时运用的社会责任。对于中华自然科学社社员来说,这正符合社团致力于发挥的理性主义的意识形态的社会功能,而在社员看来,实现科技知识的战时运用需要将科研转向以抗战为中心的应用科学方向,实现科技知识在应用科学方向的科研工作方向规制下向技术、方法与产品的转化,为此应以应用科学作为评价标准展开科学普及,在科学普及社务活动中,展现基础科学方向的科研工作所产生的科学知识的实际应用功能。经由 1938 年的第十一届年会,上述认识成为在应用科学方向的科技布局规制下开展科学普及的社务途径,表现为总社先是组织了西康与西北科学考察活动,遵循应用科学学科内在范式运行机制,也就是应用科学学科规训,将科研工作与应用科学发展生产相结合。然后经由社员关于从科研工作出发开展科学普及是自身社会角色的认知,这一应用科学学科规训转化为科学普及原则,在 1939—1941 年间的《科学世界》中,介绍大后方科研工作材料日益发展成为一个稳定的科普主题,一方面表现在科技新知传播结构符合应用科学学科体系,另一方面表现在以应用科学学科知识的生产作为科普主题的内涵,体现应用科学学科为方向的科技布局的规制性影响。

　　1938—1941 年间的社务实践在学理上表明,责任伦理的学科规训化是其中的历史逻辑。责任伦理要求作为现代社会伦理道德原则的理性以职业责任作为表现形式,最为完满地体现在遵从理性要求认识客观规律的科技工作者职业中,由于职业旨在通过专业化知识的运用而规定人类对于理性化的道德追求的认可,通过在专业化知识运用过程中起到规制性作用的学科规训来实现,以科技工作者职业为代表的职业在学科规训的规制作用下来体现。所以这一时期,中华自然科学社在以应用科学学科为方向的科技布局规制下,实践从科研工作出发开展科学普及的责任伦理,实质上体现的是责任伦理的学科规训化。

其次是在从 1942 年开始直至 1945 年抗战结束,中华自然科学社总社在大后方的社务活动转向两个方面,一是经由开展面向英美科学界的科技知识交流活动,建立起基础科学学科的科技布局;另一是在基础科学学科的科技布局规制下,使得科学普及原则转向由基础科学学科规训来塑造。具体来说,从恢复大后方科技工作者与英美科学界的中外科技知识交流活动初衷出发,中华自然科学社总社在 1942—1945 年间刊行综合性英文刊物,名为《中国科学通讯》,报道主要集中在基础科学领域的大后方科研工作进展情形,反映出当时处于大后方的社员本身的科研工作侧重在基础科学方面,表明中华自然科学社在社务活动中形成以基础科学为方向的增进科技知识途径,也就是建立起基础科学方向的科技布局情形。经由当时抗战建国时代要求转向建国意向,这一科技布局实现了对于科学普及的规训影响。总社根据这时国民政府提倡基础科学教育以发展基础科学方向的科研工作方针,在从科研工作出发开展科学普及的责任伦理规制下,意识到发展基础科学教育的可行途径在于开展科学普及,因为他们所开展的科学普及旨在传播面向基础科学教育的科学新知,而这是发展大后方基础科学教育所急需的。这一认识在实践过程中体现为基础科学学科规训对于科学普及的规划方向,经由这一时期《科学世界》的征稿方向,基础科学学科新知成为该刊介绍科技新知的主要方面,在基础科学方向的科技布局与科学普及活动之间建立起映射机制,表现为所传播的科技新知是在基础科学学科体系范围内,同时社员按照作为基础科学学科规训表现形式的科研工作范式规范行文逻辑,形成将基础科学新知转化为理性常识的科学普及实践原则。

这里有必要进一步说明的是,这一时期社员从基础科学学科规训出发来开展科学普及不仅源于责任伦理,而且是开展基础科学方向的科研工作规律性的体现。当时国民政府提倡基础科学教育的初衷在于发展基础科学方向的科研工作,从而为应用科学方向的科研工作的开展铺垫基础科学新知基础,为此社员共同认识到这指向的是战后中国的科学建设事业,实质在于提升基础科学方向的科研工作水平,而以开展基础科学教育作为其中的根本性途径。在学理上来说,由于基础科学方向的科研工作不仅旨在增进人类的理性认识,而且旨在传授基础科学知识以培养科研工作人才来保证科技知识的增长,所以还涵盖发挥基础科学教育功能。因此,社员的这一认识符合基础科研工作规律,也就是说从事基础科学方向的科研工作必然要走向开展基础科学教育,同时在学理上来看,科学普及等同于发挥基础科学教育功能,二者均旨在通过培养从事科研工作的职业工作者,以创造理性化的社会环境,从而促进科研工作的发展。那么可以认为,这一时期中华自然科学社总社通过开展中外科技知识交流活动,引导社员将基础科学方向的科研工作作为发展中国科技事业的方向,在顺应基础科学方向的科研工作规律的基础上实践所认知的责任伦理,呈现出社员责任伦理的基础科学学科规训化实践情形。

最后是在中华自然科学社总社战后回南京开展社务的 1946—1949 年间,社员所秉持的从科研工作出发开展科学普及的责任伦理意识在实践中发生演变。这时社员共同认识到,当时世界科研工作趋势在于开展从基础科学到应用科学的科技创新。为此中国科技工作者的科研工作就有必要预及这一趋势,这是科学建国时代的要求,旨在建立面向生产力的科技创新局面,而建立科技创新局面的途径则在于实现基础科学新知的获取与应用,就是要开展从基础科学出发带动应用科学方向的科研工作的科技创新。基于这一认识,社员在社务实践中先是通过《科学世界》传播世界范围内的科技创新工作情形,然后创刊《中国科学与建设》以传播中国科技工作者的科技创新工作,一方面促进世界科技创新所产生的科技新知的社会推广,另一方面使得国内科技创新成果经由专业交流系统成为被确证的科技新知,符合专业性科技交流的要义。由于国内科技创新也是旨在预及世界科技创新趋势,因此上述两类科技新知同属于当时世界科技创新趋势的产物,由此获取面向科技创新的科技新知并促进这种新知的社会传播,其中的维系机制则在于责任伦理的学科规训化实践。这时社员的责任伦理意识要求他们从科技创新的学科规训出发开展科学普及,形成以作为有关科技创新的综合性文章之报告作为学科规训,将科研工作与科学普及予以维系,建立起面向科技创新的知识流动机制,这同时也为责任伦理的学科规训提供了一种制度化安排,经由学科规训的制度化,使得科技传播系统具有作用于知识流动的联络机制。

　　深入言之,经由学科规训的制度化实践所建立的科技传播系统,科技工作者职业伦理得到表达。科技传播系统的运作令支撑科研工作的科学技术学科规训要实现生产力转化,要求国内职业科技工作者面向社会大众阐释科学技术学科规训的公众利益所在,通过《科学世界》的科学普及功能,科技工作者职业的伦理属性之理性作为根本性的价值取向得到表达,包括科技工作者职业的理性目的与保障理性目的实现的社会目的这两个方面,使得国内社会认同科学技术学科规训符合现代理性化伦理价值,表征中华自然科学社开展的责任伦理的学科规训制度化实践具有了意义指向,指示科技工作者职业伦理的制度化生成方向,而这一方向的历史展现则是社员形成并表达科技工作者职业伦理意识的社务实践。

表 1 中华自然科学社主要负责社员名录与科技工作者职业分布情形（194人）（1927—1949）

学科	姓名	学历	任职科学研究机构经历	备注（当选中央研究院第一、二届评议会评议员与首届院士情形）
数学（11）	马遵庭		中央大学数学系	
	孙光远	南京高等师范学校数理化科 芝加哥大学数学专业理学博士	清华大学数学系教授 中央大学数学系教授	
	华罗庚		清华大学数学系教授	中央研究院数理组院士
	李锐夫	中央大学数学系理学学士	重庆大学、贵阳师范学院、复旦大学、暨南大学数学系教授	
	李达（李仲珩）		中央大学、清华大学、山东大学、同济大学、重庆大学、复旦大学、国立师范学院任教	
	陈省身	南开大学数学系理学学士 清华大学研究院数学专业理学硕士 汉堡大学数学专业理学博士	清华大学数学系教授 中央研究院数学研究所研究员	中央研究院数理组院士正式候选人
	胡坤升	东南大学数学系理学学士 芝加哥大学数学专业理学博士	中央大学数学系教授 重庆大学数理系教授	
	曾禾生		四川大学	
	熊先洼			
	潘璞		重庆大学教授	
	蔡介福	中央大学数学系理学硕士	重庆大学数理系教授 齐鲁大学数学系教授	

学科	姓名	学历	任职科学研究机构经历	备注（当选中央研究院第一、二届评议会评议员与首届院士情形）
天文学（2）	李晓舫		华西协和大学	
	张钰哲	芝加哥大学天文系理学博士	中央大学物理系教授 中央研究院天文研究所研究员	
物理学（23）	王竹溪	清华大学物理系理学学士，硕士 剑桥大学理学博士	清华大学物理系教授	
	王佐清	中央大学物理系理学学士		
	王缘克			
	江元龙			
	汪积恕	中央大学物理系理学学士	四川大学物理系副教授 芜湖安徽学院数理系教授	
	吕大元	中央大学物理系理学学士	北平研究院物理研究所助理员 资源委员会中央造船公司工程师	
	张文裕	燕京大学物理系理学学士，硕士 剑桥大学理学博士	四川大学物理系教授 西南联合大学物理系教授	
	张孝礼	华西协和大学物理系理学学士 多伦多大学物理系理学硕士	华西协和大学物理系教授	
	吴有训	南京高等师范专科学校理化部 芝加哥大学物理系理学学士，博士	江西大学 清华大学物理系教授 中央大学物理系教授 上海交通大学物理系教授	中央研究院数理组院士正式候选人 中央研究院第二届评议会评议员

学科	姓名	学历	任职科学研究机构经历	备注（当选中央研究院第一、二届评议会评议员与首届院士正式候选人情形）
物理学（23）	吴健雄	中央大学物理系理学学士 加州大学伯克利分校物理系理学博士	浙江大学 中央研究院	
	余瑞璜	中央大学物理系理学学士 曼彻斯特大学物理系理学博士	清华大学物理系教授	
	祁开智	芝加哥大学物理系理学硕士 哈佛大学物理系理学硕士	安徽大学物理系教授 中央大学物理系教授 西北农学院物理系教授	
	金有巽	山东大学物理系理学学士	山东大学 中央大学任教	
	赵忠尧	南京高等师范专科学校物理学学士 加州理工学院物理系理学博士	清华大学物理系教授 云南大学物理系教授 中央大学物理系教授	中央研究院数理组院士正式候选人
	梁百先	华中大学物理系理学学士 伦敦大学物理系理学硕士	武汉大学物理系任教	
	唐君铂	剑桥大学机械系理学硕士	国民政府陆军司令部兵工署副署长	
	葛庭燧	清华大学物理系理学学士 燕京大学物理系理学硕士 加州大学伯克利分校物理系理学博士	西南联合大学物理系任教	
	钱学森	交通大学上海学校机械工程学院铁道工程系本科 麻省理工学院航空系工学硕士 加州理工学院航空系工学硕士、博士		

学科	姓名	学历	任职科学研究机构经历	备注（当选中央研究院第一、二届评议会评议员与首届院士情形）
物理学（23）	钱临照	大同大学物理系理学学士 伦敦大学留学学习	北平研究院物理所研究员 中央研究院物理研究所研究员	
	霍秉权	中央大学物理系理学学士	清华大学物理系教授	
	谢立惠	中央大学物理系理学学士	复旦大学物理系、重庆国立女子师范学院、上海交通大学物理系任教	
	戴礼智	武昌师范大学物理系理学学士	国民政府兵工署材料试验处 綦江电化冶炼厂资源委员会钢铁管理处	
	颜承鲁	中央大学物理系理学学士	武功农学院任教	
化学（31）	王应睐	金陵大学化学系理学学士 燕京大学化学系理学硕士 剑桥大学化学专业理学博士	中央大学医学院教授 中央研究院医学研究所研究员	
	王葆仁	东南大学化学系理学学士 伦敦大学帝国学院化学专业理学博士	同济大学化学系教授 浙江大学化学系教授	
	冯国治		金陵大学化学系教授	
	卢嘉锡	厦门大学化学系理学学士 伦敦大学帝国学院物理化学专业理学博士	厦门大学化学系教授	
	孙云沛		中央农业实验所农药室研究员	
	孙君立	亚琛工科大学化学专业理学博士	美亚丝绸厂筹备主任 中国纺织建设公司专员	

学科	姓名	学历	任职科学研究机构经历	备注（当选中央研究院第一、二届评议会评议员与首届院士情形）
化学（31）	朱子清	东南大学化学系理学士 伊利诺大学化学专业理学博士	南京应用化学研究所研究员 北平研究院药物研究所研究员 暨南大学化学系教授	
	沈昭文	上海光华大学化学系理学士 多伦多大学化学系理学博士	中央研究院化学研究所研究员	
	张先辰	东京帝国大学化学系理学士	广西大学化学系教授	
	张仪尊	国立中央工技艺专科学校毕业		
	张 结			
	吴学周	东南大学化学系理学士 加州理工学院化学专业理学博士	中央研究院化学研究所研究员	数理组院士
	吴征铠	金陵大学化学系理学士 剑桥大学物理化学研究所理学硕士	湖南大学化学系教授 浙江大学化学系教授	
	李秀峰	中央大学化学系理学士	金陵大学化学系教授	
	李方训	金陵大学化学系理学士 美国西北大学化学专业理学博士	金陵大学化学系教授	
	郑 集	中央大学生物系理学士 印第安纳大学生物化学专业理学博士	中国科学社生物研究所研究员 中央大学医学院教授	
	苏吉呈	中央大学化学系理学士	重庆大学化学系教授	
	查维德	中央大学化学系理学士	中央大学化学系教授	
	袁翰青	清华大学化学系理学士 伊利诺大学化学专业理学博士	甘肃科学教育馆馆长	

学科	姓名	学历	任职科学研究机构经历	备注（当选中央研究院第一、二届评议会评议员与首届院士情形）
化学（31）	陶端格	北京大学农学专业农学学士	江西省农业院技士	
	徐宗岳			
	高行健			
	章涛			
	常伯华	中央大学化学系理学学士	南京正中书局出版所 上海正中书局编审部工作	
	高济宇	唐山交通大学土木工程系工学学士 伊利诺大学有机化学专业理学博士	中央大学化学系教授	
	郭质良	青岛大学化学系理学学士	黄海化学工业研究社研究员 资源委员会川康铜业管理处工程师 华西协和大学化学药物研究所研究员 农林部林业试验所技正	
	屠祥麟			
	曾昭抡	麻省理工学院化学工程专业工学学士、博士	中央大学化学系教授 北京大学化学系教授	中央研究院数理组院士正式候选人
	温步颐	北洋大学化学系理学学士 柏林大学化学专业工学博士	资源委员会兰州华亭电瓷厂厂长	中央研究院第二届评议会评议员
	裴裘奎	东吴大学化学系理学学士 普林斯顿大学化学专业理学博士	金陵大学化学系教授	

学 科	姓 名	学 历	任职科学研究机构经历	备注（当选中央研究院第一、二届评议会评议员与首届院士情形）
化 学（31）	葛春霖	清华大学化学系理学学士 明尼苏达大学理论化学系理学硕士	西北工学院化学系教授 青岛化工厂工程师	
地理学与地质学（14）	方 俊	唐山交通大学土木工程系工学学士	中央地质调查所研究员 中央大学土木工程系教授	
	王德基	中央大学地学系理学学士 蒂宾根大学（德国）地理学专业理学博士	中国地理研究所研究员 兰州大学地理系教授	
	邓启东	中央大学地学系理学学士	中国地理研究所助理研究员 湖南国立师范学院史地系 武汉大学历史系任教	
	任美锷	中央大学地学系理学学士 格拉斯哥大学地理学专业理学博士	浙江大学史地系教授 复旦大学史地系教授 中央大学地理系教授	
	张 更	中央大学地学系理学学士	两广地质调查所技士 中央地质调查所研究员 中央大学地质系教授 重庆大学地质系教授	
	袁见齐	中央大学地质系理学学士	盐务局技正 唐山工学院教授	

学科	姓名	学历	任职科研机构经历	备注（当选中央研究院第一、二届评议会评议员与首届院士情形）
地理学与地质学（14）	李承三	河南大学地质学学士 柏林大学地质系理学博士	中央地质调查所研究员 中央大学地学系教授 中国地理研究所研究员 重庆大学地质系教授 中山大学地理系教授	
	李旭旦	中央大学地学系理学学士 剑桥大学地理系理学硕士	中央大学地学系教授	
	李学清	农商部地质研究所学习 密歇根大学地质系理学硕士	农商部地质调查所技术员 两广地质调查所技正 中央大学地学系教授	
	林超	中山大学地理系理学学士 利物浦大学地理专业理学博士	中山大学地学系教授 中国地理研究所研究员	
	夏湘蓉	清华大学地学系理学学士	江西省地质调查所技士、技正	
	徐近之	中央大学地理系理学学士 爱丁堡大学地理专业理学博士	中央大学地学系教授	
	楼桐茂	中山大学地理系理学学士	勷勤大学、广东文理学院、四川三台东北大学、复旦大学任教	
	鲍觉民	中央大学地学系理学学士 伦敦大学经济地理专业理学博士	西南联合大学地理系教授	

学科	姓名	学 历	任职科学研究机构经历	备注(当选中央研究院第一、二届评议会评议员与首届院士情形)
气象学(5)	卢鋆	中央大学地学系理学学士	中央大学地学系教授 中央气象总台台长	
	朱炳海	中央大学气象学系理学学士	中央研究院气象研究所测候员 中央大学气象学系教授	
	李良骐		中央研究院气象研究所	
	赵九章	清华大学物理系理学学士 柏林大学气象学专业理学博士	西南联合大学教授 中央研究院气象研究所研究员	
	徐长旺	沪江大学地理系理学学士 伦敦大学帝国理工学院气象学专业理学硕士 利物浦大学气象学专业理学博士	清华大学地理系教授 浙江大学史地系教授 中央研究院气象研究所研究员 中央大学地学系教授	
生物学(16)	王日玮	东南大学生物系理学学士 爱丁堡大学生物学专业理学博士	浙江大学生物系教授	
	方文培		四川大学生物系教授	
	伍献文	厦门大学植物学系理学学士 巴黎博物馆动物学专业理学博士	中央研究院自然历史博物馆(生物研究所、动植物研究所、动物研究所)研究员	中央研究院生物组院士
	朱树屏	山东省立第一师范附设数理专科 剑桥大学生物学专业理学博士	云南大学生物系教授 中央研究院动植物研究所研究员 山东大学水产系教授	

学科	姓名	学历	任职科研究机构经历	备注（当选中央研究院第一、二届评议会评议员与首届院士情形）
生物学（16）	朱洗然	中央大学生物系理学学士 美国西北大学生物学专业理学硕士、博士	中央大学生物系副教授	
	曲漱惠	山东大学生物系理学学士	山东大学生物系教授	
	张肇骞	东南大学生物系理学学士	浙江大学生物系教授 广西大学农学院教授 中正大学生物学系教授 北平静生生物调查所技士	
	吴功贤	中央大学生物系动物学专业理学学士 伦敦大学动物学专业理学博士	中央大学生物系教授	
	吴汝康	中央大学生物系理学学士 圣路易斯华盛顿大学医学院解剖系医学博士	中央研究院体质人类学研究所筹备处助理研究员	
	吴印祥	中央大学生物系理学学士	同济大学生物系教授	
	陈邦杰	中央大学生物系植物学专业理学学士 柏林大学植物学专业理学博士	同济大学植物系教授	
	罗士苇	中山大学生物学院理学学士 加州理工学院生物学专业理学博士	广东省文理学院生物系教授 国立师范学院生物系教授 清华大学农业研究所助理研究员	
	金维坚	东吴大学生物学专业理学学士	浙江大学生物系副教授	
	高尚萌	东吴大学生物学专业理学学士 耶鲁大学生物学专业理学博士	武汉大学生物系教授	

学科	姓名	学 历	任职科学研究机构经历	备注(当选中央研究院第一、二届评议会评议员与首届院士情形)
生物学(16)	童第周	复旦大学心理学专业理学士 布鲁塞尔大学生物学专业理学博士	山东大学生物系教授 中央大学医学院教授 同济大学生物系教授 复旦大学生物系教授	中央研究院生物组院士
	曾呈奎	厦门大学植物系理学士 岭南大学植物学专业理学硕士 密歇根大学植物学专业理学博士	岭南大学生物系副教授 山东大学生物系教授	
心理学(3)	丁瓒	中央大学心理系理学士 芝加哥大学心理系理学硕士	中央卫生实验院心理卫生实验室研究员	
	龙叔修	中央大学心理系理学士		
	潘菽	北京大学哲学系理学士 印第安纳大学心理学专业理学硕士 芝加哥大学心理系理学博士	中央大学心理系教授	
农学(34)	王桂五	中央大学农学院农艺系农学士 德克萨斯农工学院农艺系农学硕士 明尼苏达大学农学院农学系农学博士	农业部中央农业实验所棉作系研究员 北平农事试验场棉作研究室主任	
	王恺	西北农林专科学校农学士 密执安大学林学院木材工艺专业农学硕士	中央工业试验所木材试验室	
	叶常丰	中央大学农艺系农学士	中央大学、江西、福建、浙江等农业改进所、英士大学农学院、浙江大学农学院任教	

学　科	姓　名	学　历	任职科研研究机构经历	备注（当选中央研究院第一、二届评议会评议员与首届院士情形）
农学（34）	刘伊农	中央大学农学院农学学士 柏林大学农学博士	贵阳大学农学院教授 中央大学农学院 农业化学系教授	
	冯泽芳	东南大学农科农学学士 康奈尔大学农学硕士、博士	全国经济委员会棉业统制委员会技术专员 中央棉产改进所研究员 中央农业试验所技正 中央大学农学院教授	中央研究院生物组院士正式候选人
	张明喜			
	张德粹	东南大学农场管理、农业经济与农业化学专业农学学士 威尔斯大学农业经济学专业农学硕士	西北农学院经济系教授 浙江大学农学院农业经济学教授 中央大学农学院农业经济系教授	
	朱惠芳	普鲁士林科大学农学学士	浙江大学农学院教授	
	买永彬	西北农学院兽医系农学学士	兰州国立兽医学院助教	
	沈其益	中央大学生物系农学学士 伦敦大学生物学专业理学博士	中央棉产改进所技正 中央大学生物系教授	
	吴文辉			
	郑万钧	江苏省第一农业学校林科 图卢兹大学森林研究所农学博士	中国科学社生物研究所植物研究员 云南大学森林系教授 中央大学农学院森林系教授	

学科	姓名	学 历	任职科学研究机构经历	备注（当选中央研究院第一、二届评议会评议员与首届院士情形）
农学（34）	周 干	中央大学农学院农学学士	湖南省立第二农事试验场场长 中央农业试验所棉作系	
	周咏曾	中央大学农学院农学学士	中央研究院动植物研究所助理研究员 农林部棉产改进处技正 湖南省农业改进所技正	
	周祥忠	中央大学农学院农学学士	山东省第一区农场 江西省农产物检所 福建省农业改进所 农林部棉产改进所 赣北植棉指导区技术员、技士	
	陈万聪	东南大学农科农学学士 怀俄明大学农学硕士	东南大学、中央模范农业推广区总指导员 中央大学农学院大胜关农事试验场主任技士 四川中心农事试验场畜牧兽医科主任技士 重庆川东师范学校、四川乡村建设学院、四川大学农学院农艺系畜牧兽医研究室至教授 四川省农业改进所畜牧改良场场长 四川农业公司技术室主任 华西协和大学教授	
	邹锺琳			

学科	姓名	学历	任职科学研究机构经历	备注（当选中央研究院第一、二届评议会评议员与首届院士情形）
农学（34）	胡竞良	南京高等师范学校农业专修科 得克萨斯州农工大学研究院农艺硕士	东南大学郑州农场主任技术员 棉作改良推广委员会委员 河南省棉产改进所所长 中央大学、四川大学农学院教授 华中棉产改进处处长 农林部棉产改进处处长兼上海办处副处主任	
	胡祥壁	中央大学农学院农学学士	中央大学农学院畜牧兽医系教授 西北学院兽医组主任 兰州农林部西北兽疫防治处技正、代处长 岭南大学农学院畜牧兽医系教授	
	俞启葆	中央大学农学院农艺系农学学士	中央大学、农林部中央农业实验所工作	
	俞大绂	金陵大学农科农学学士 依阿华州立大学农学博士	金陵大学农业研究所教授 清华大学农学院教授 北京大学农学院教授	中央研究院生物组院士正式候选人
	徐冠仁	中央大学农学院农艺系农学学士 明尼苏达大学遗传学专业农学博士	中央大学农学院副教授	

学科	姓名	学历	任职科学研究机构经历	备注(当选中央研究院第一、二届院议员与首届院士情形)
农学(34)	章文才	金陵大学农学院园艺系农学学士 伦敦大学研究院农学博士	金陵大学农学院教授兼农业科学研究部主任 西北农学院院长兼教授 金陵大学农学院园艺系教授	
	盛彤笙	中央大学动物学系理学学士 柏林大学农学医学博士 汉诺威医学院兽医学专业医学博士	西北农学院畜牧兽医系教授 西北兽医学院院长	
	黄瑞采	金陵大学农学院农学学士 明尼苏达大学土壤学专业理学硕士	中央大学农学院森林系 金陵大学任教	
	黄其林	中央大学农学院农学学士 伊利诺斯大学农学院农学硕士	西北农学院教授	
	许傅桢	中央大学农学院农学学士	江西省农业院技士	
	曾省	东南大学生物系理学学士 里昂大学理学院理学博士	青岛大学生物系教授 四川大学农学院院长 湖北省农学院植物病虫害系主任 华中大学生物系教授	
	汤逸人	中央大学农学院畜牧兽医系理学学士 爱丁堡大学动物遗传所理学博士	全国经济委员会技佐 中央大学畜牧兽医系教授	
	杨开渠	杭州甲种工业学校 东京帝国大学农学部农实科	重庆乡村建设学院教授 四川大学农学院教授	
	管相桓	中央大学农学院农艺系农学学士	四川省农业改进所技正 华西协和大学农业研究所农艺主任	

学 科	姓 名	学 历	任职科学研究机构经历	备注（当选中央研究院第一、二届评议会评议员与首届院士情形）
农 学（34）	熊同和	中央大学农学院农学学士	浙江大学农学院教授	
	谢铮铭	西北农学院畜牧兽医系理学学士 爱丁堡大学理学博士	中央大学农学院国立兽医学院任教	
	魏景超	金陵大学园艺系农学学士 威斯康星大学植物病理学专业农学博士	金陵大学农学院教授、科研委员会主席，植物病理组主任、植物病虫害系主任，中央研究院植物病理所植物病理研究室	
工 学（27）	王新元	南洋大学电机系工学学士	上海航政局技术员 广州航政局技术主任 中国机械厂经理 中国机械公司事务处长 中国纺织公司青岛分公司经理	
	王之卓	上海交通大学土木工程学院工学学士 柏林工业大学测量系航空摄影测量专业工学博士	中山大学土木工程系教授 中国地理研究所大地测量组副研究员	
	王之玺	北洋工学院矿冶工程系工学学士	资源委员会中央钢铁厂筹备委员会 矿冶专门委员资源委员会钢铁组副组长 鞍山钢铁公司协理	
	方子藩	东京工业大学应用化学系药学专业预科	大丰工业原料公司协理、总经理兼总工程师 中国化工厂总经理 上海汉光电化厂总经理	

学科	姓名	学历	任职科学研究机构经历	备注(当选中央研究院第一、二届评议会评议员与首届院士情形)
工学(27)	成希颥	中央大学土木工程系工学学士	国民政府交通部公路总局公务处处长	
	张维	唐山交通大学土木工程系工学学士 柏林高等工业学院土木工程力学教研室工学博士	同济大学、北洋大学、清华大学任教	
	张大煜	德国德累斯顿大学工学博士	清华大学教授	
	杜长明	麻省理工学院化学工程专业工学博士	中央大学化工系教授	
	杜锡垣			
	汪季琦(汪楚宝)	中央大学土木工程系工学学士	大昌建筑公司 西北农学院教授 中华联合工程公司总经理	
	沙玉清	中央大学土木工程系工学学士	西北农学院农业水利系教授 中央大学土木工程系教授	
	赵宗燠	中央大学化学系理学学士 柏林工业大学化学工程专业工学博士	军政部交通司合成油厂筹备处主任、厂长 同济大学教授 天津化学工业公司总经理兼总工程师	
	屈伯川	中央大学化学系理学学士 德国德累斯顿大学化学工程专业理学博士	陕甘宁边区自然科学研究院教育处处长 延安自然科学院教育长 延安新华化学工业合作社主任 陕甘宁边区政府建设厅工业局副局长 晋察冀军事工业部工业试验所所长 关东工业专门学校校长	

学科	姓名	学历	任职科学研究机构经历	备注（当选中央研究院第一、二届评议会评议员与首届院士情形）
工学（27）	孟昭英	燕京大学物理系理学学士 燕京大学物理系理学硕士 加州理工学院理学博士	燕京大学物理系副教授 清华大学无线电研究所教授 清华大学物理系教授	
	陈士骅	慕尼黑工业大学工学硕士	陕西省建设厅技正 西北农专水利组组长、教授 同济大学土木系教授 北京大学工学院土木系教授	
	陈永龄	伦敦大学帝国理工学院土木系大地测量专业工学硕士 柏林工业大学测量学系工学博士	西南联大教授 同济大学教授 中山大学教授 中国地理研究所研究员 交通部铁路测量总处处长兼总工程师	
	陈彬			
	李耀滋	北平大学工学院工学学士 中央大学工学院机械特别研究班工学硕士 麻省理工学院航空工程学专业工学博士	国民政府大定航空发动机厂总工程师	
	李正雄			
	夏坚白	清华大学工程系理学学士 柏林工业大学大地测量工学博士	中国地理研究所副研究员 中央大学土木工程系教授 同济大学测量系教授	

学科	姓名	学历	任职科学研究机构经历	备注（当选中央研究院第一、二届评议会评议员与首届院士情形）
工学（27）	倪超	同济大学土木工程学系工学学士 汉诺威工业大学工学博士	同济大学教授	
	唐崇礼	北京工业大学应用化学系理学学士	广西大学化学系教授 中央大学化学系教授	
	曹鹤荪			
	杨允植	中央大学化学工业系工学学士 柏林工业大学工学博士	上海中国科学食品厂经理兼应用化学研究所所长 上海树华企业公司总经理	
	钱宝钧	金陵大学理学院工业化学专业工学学士 曼彻斯特理工学院纺织化学系理学硕士	金陵大学化工系教授 铭贤农工专科学校化工科主任 上海申新纺织公司公益纺织研究所研究员	
	蒋涿秋			
	谢明山	中央大学化学工业系工学学士 伦敦大学化学专业工学博士	中央大学化工系教授 西南联大化工系教授 昆明化工厂总工程师 中华化工厂董事长	
医药卫生（28）	王有琪	中央大学动物学系理学学士 明尼苏达大学人体解剖学研究所医学博士	国立上海医学院任教	
	朱王保	浙江大学心理系理学学士 爱丁堡大学生理学专业医学博士	金陵大学农学院畜牧兽医系、中央大学医学院生理学研究所、国立上海医学院生理科任教	

学科	姓名	学　历	任职科学研究机构经历	备注（当选中央研究院第一、二届评议会评议员与首届院士情形）
医药卫生（28）	任邦哲	中央大学化学系理学学士 伊利诺斯大学研究院化学专业有机化学专业理学硕士 密执安大学研究院生物化学系理学博士	中央大学化学院副教授 国立药学专科学校 国立上海医学院教授	
	孙　尧			
	孙云涛			
	张　毅	爱丁堡大学医学学士	遵义医学院药理学科创始人	
	张昌绍	中央大学医学院医学学士 牛津大学医学博士	上海医学院药理学教授	
	张子圣	齐鲁大学医学院医学学士	齐鲁大学医学院教授	
	冯兰洲	齐鲁大学医学院医学学士	北平协和医学院寄生物学系副教授 北京大学医学院寄生虫学系教授	中央研究院生物组正式候选人
	何　琦	燕京大学生物系理学学士 利物浦热带病理学专业医学博士	江西农学院昆虫室主任 中央卫生实验院研究员	
	苏德隆	上海医学院医学学士 约翰·霍普金斯大学公共卫生专业医学硕士 牛津大学病理学院医学博士	上海医学院教授	
	吴　襄	中央大学心理学系理学学士 明尼苏达大学医学院生理学系理学硕士	中国科学社生物研究所动物生理学研究室 中央大学医学院生理学教授	

学科	姓名	学历	任职科学研究机构经历	备注（当选中央研究院第一、二届评议会评议员与首届院士情形）
医药卫生（28）	沈其震	东京帝国大学医学院医学博士	北京协和医学院生理科 新四军军医处处长 新四军卫生部部长 华中医学院院长 中央军委卫生部第一副部长	
	沈霁春			
	李振翩	湘雅医学院医学学士	北京协和医学院研究员 中央大学医学院教授 南京陆军医学院血清研究所所长	
	金宝善	约翰·霍普金斯大学公共卫生学院公共卫生专业医学硕士	国民政府中央防疫处处长 卫生部保健司司长 中央卫生实验处处长	
	俞人俊			
	徐丰彦	复旦大学心理学系理学学士 伦敦大学理学博士	中央研究院心理研究所副研究员 贵阳医学院教授 中央大学医学院教授 上海医学院教授	中央研究院生物组正式候选人
	郭祖超	中央大学教育心理系理学学士	中央大学医学院公共卫生科副教授	

学科	姓名	学历	任职科研机构经历	备注（当选中央研究院第一、二届评议会评议员与首届院士情形）
医药卫生（28）	姚克方	湘雅医学院理学学士	卫生署技正、医务总队长 贵州省卫生处长、省立医院院长 南京中央医院院长	
	唐哲	同济大学医学院医学学士	同济大学医学院教授	
	梅减夫	金陵大学化学系理学学士	上海宇苗药厂工程师 军委会卫生部天津华山药厂、麻黄素厂工程师 北平研究院药物研究所研究员	
	杨浪明		甘肃学院医学专修科	
	薛恩	齐鲁大学理学院理学学士 巴黎大学药学院理学博士	河南大学理学院教授 暨南大学教授 西北农林专科学校农化系教授 国立药专药科学校教授 齐鲁大学教授 北京大学医学院药学系教授	
	薛公焯			
	顾学箕	上海医学院医学学士 哈佛大学公共卫生专业医学硕士	中央卫生实验院重庆新桥卫生教学区主任 中央大学医学院副教授	
	顾学裘	中法大学药科医学学士 伦敦大学药学院医学学士	浙江大学理学院药学系副教授	
	魏曦	上海医学院医学学士	上海医学院细菌学系主任	

注：附表1 各栏信息来源：

1. 学科与姓名各栏：杨浪明提供.中华自然科学社主要负责人名录[C].何志平 尹恭成 张小梅主编.中国科学技术团体.上海：上海科学普及出版社，1990：153.

2. 学历、任职科学研究机构经历与备注栏主要来源于：

（1）卢嘉锡主编.《科学家传记大辞典》编辑组编辑.中国现代科学家传记（6册）[M].北京科学技术出版社，1991，1992，1993，1994.

（2）中国科学家辞典编委会.中国科学家传略辞典（现代第1辑、第2辑、第4辑）[M].济南：中国科学家辞典编委会出版，1980，1982.

（3）中国科学家辞典编委会.中国科学家辞典（现代第1分册、第2分册、第5分册）[M].济南：山东科学技术出版社，1980，1982，1983，1986.

（4）中国科学技术协会编.中国科学技术专家传略.工程技术编·冶金卷1，工程技术编·纺织卷、理学编·地学卷、理学编·生物学卷，农学编综合卷、农学编·植物保护卷[M].北京：中国科学技术出版社，北京：中国纺织出版社，石家庄：河北教育出版社，1992，1995，1996，2001，2004.

（5）周川主编.中国近现代高等教育人物辞典[M].福州：福建教育出版社，2012.3.以及各省政协出版的"政协文史资料"与各门科学学科史著作、学科史辞典与学科史人物传记.

3. 其中有些栏目空缺，是因为目前在各种民国科学史文献与人物辞典之类的工具书中，这些社员的个人资料与科研经历还没有收录进去，故本表暂付阙如。

附表2　中华自然科学社主要负责社员任职科研机构分布情形
（按照学科统计）（1927—1949）

学　科	科　研　机　构	主要负责社员任职人次
数　学 （11人）	重庆大学数理系	5
	中央大学数学系	3
	复旦大学	2
	中央研究院数学研究所	1
	贵阳师范学院	1
	国立师范学院	1
	齐鲁大学数学系	1
	四川大学	1
天文学 （2人）	华西协和大学	1
	中央大学物理系	1
	中央研究院天文研究所	1
物理学 （23人）	清华大学物理系	5
	上海交通大学物理系	2
	四川大学物理系	2
	北平研究院物理研究所	2
	国民政府陆军司令部兵工署	2
	安徽大学物理系	1
	重庆国立女子师范学院	1
	复旦大学物理系	1
	华西协和大学物理系	1
	江西大学	1

学　科	科　研　机　构	主要负责社员任职人次
物理学 （23 人）	山东大学	1
	武功农学院	1
	武汉大学物理系	1
	芜湖安徽学院数理系	1
	西北农学院物理系	1
	云南大学物理系	1
	浙江大学	1
	中央研究院物理研究所	1
	资源委员会中央造船公司	1
化　学 （31 人）	金陵大学化学系	3
	中央大学化学系	3
	浙江大学化学系	2
	中央大学医学院	2
	中央研究院化学研究所	2
	资源委员会	2
	北京大学化学系	1
	重庆大学化学系	1
	广西大学化学系	1
	湖南大学化学系	1
	华西协和大学药物研究所	1
	暨南大学化学系	1
	同济大学化学系	1
	西北工学院化学系	1
	厦门大学化学系	1
	甘肃科学教育馆	1
	北平研究院药物研究所	1

学　科	科　研　机　构	主要负责社员任职人次
化　学 （31 人）	黄海化学工业研究社	1
	江西省农业院	1
	南京应用化学研究所	1
	农林部林业试验所	1
	中国科学社生物研究所	1
	中央农业实验所农药室	1
	中央研究院医学研究所	1
	美亚丝绸厂	1
	青岛化工厂	1
	中国纺织建设公司	1
地理学与 地质学 （14 人）	中央大学地学系	6
	中国地理研究所	3
	中央地质调查所	3
	重庆大学地质系	2
	复旦大学史地系	2
	两广地质调查所	2
	中山大学地理系	2
	中央大学土木工程系	2
	广东文理学院	1
	湖南国立师范学院史地系	1
	唐山工学院	1
	四川三台东北大学	1
	武汉大学历史系	1
	西南联合大学地理系	1
	勷勤大学	1

学　科	科　研　机　构	主要负责社员任职人次
地理学与地质学（14人）	浙江大学史地系	1
	江西省地质调查所	1
	农商部地质调查所	1
	盐务局	1
气象学（5人）	中央研究院气象研究所	4
	中央大学地学系	2
	清华大学地理系	1
	西南联合大学	1
	浙江大学史地系	1
	中央大学气象系	1
	中央气象总台	1
生物学（16人）	山东大学生物系	4
	中央大学生物系	4
	浙江大学生物系	3
	中央研究院动植物研究所	3
	同济大学生物系	2
	复旦大学生物系	1
	广东省文理学院生物系	1
	广西大学农学院	1
	国立师范学院生物系	1
	岭南大学生物系	1
	清华大学农业研究所	1
	山东大学水产系	1
	四川大学生物系	1
	同济大学植物系	1

学　科	科 研 机 构	主要负责社员任职人次
生物学 （16人）	云南大学生物系	1
	中正大学生物学系	1
	武汉大学生物系	1
	中央大学医学院	1
	北平静生生物调查所	1
	中央研究院体质人类学研究所	1
心理学 （3人）	中央大学心理系	1
	中央卫生实验院心理卫生实验室	1
农　学 （34人）	中央大学农学院	12
	金陵大学农学院	5
	西北农学院	5
	四川大学农学院	4
	浙江大学农学院	4
	农林部棉产改进处	3
	福建省农业改进所	2
	全国经济委员会技术专员、技佐	2
	四川省农业改进所	2
	中央棉产改进所	2
	中央农业试验所	2
	中央研究院动植物研究所	2
	东南大学	2
	赣北植棉指导区	1
	河南省棉产改进所	1
	湖南省立第二农事试验场	1
	湖南省农业改进所	1
	江西省农产物检所	1

学　科	科 研 机 构	主要负责社员任职人次
农　学 （34 人）	江西省农业改进所	1
	江西省农业院	1
	兰州农林部西北兽疫防治处	1
	棉作改良推广委员会华中棉产改进处	1
	农林部西北兽疫防治处	1
	农业部中央农业实验所棉作系	1
	农林部中央农业实验所	1
	山东省第一区农场	1
	四川中心农事试验场	1
	浙江省农业改进所	1
	中国科学社生物研究所	1
	中央工业试验所木材试验室	1
	中央模范农业推广区	1
	北京大学农学院	1
	重庆川东师范学校	1
	重庆乡村建设学院	1
	贵阳大学农学院	1
	湖北省农学院	1
	华西协和大学	1
	华西协和大学农业研究所	1
	华中大学生物系	1
	兰州国立兽医学院	1
	岭南大学农学院	1
	青岛大学生物系	1
	清华大学农业研究所	1
	四川乡村建设学院	1

学　科	科　研　机　构	主要负责社员任职人次
农　学 （34）	英士大学农学院	1
	云南大学森林系	1
	中央大学生物系	1
	中央大学医学院	1
	四川农业公司	1
工　学 （27人）	同济大学	6
	清华大学	4
	资源委员会	3
	中国地理研究所	3
	中央大学化工系	3
	交通部	2
	西北农学院	2
	西南联合大学	2
	中央大学土木工程系	2
	北京大学工学院土木系	1
	北洋大学	1
	广西大学化学系	1
	金陵大学化工系	1
	铭贤农工专科学校化工科	1
	西北农专水利组	1
	燕京大学物理系	1
	中山大学	1
	中山大学土木工程系	1
	大昌建筑公司	1
	大丰工业原料公司	1
	国民政府大定航空发动机厂	1

学　科	科　研　机　构	主要负责社员任职人次
工　学 （27人）	昆明化工厂	1
	天津化学工业公司	1
	上海汉光电化厂	1
	上海树华企业公司	1
	上海申新纺织公司公益纺织研究所	1
	上海中国科学食品厂应用化学研究所	1
	中国化工厂	1
	中国机械厂	1
	中国机械公司	1
	中国纺织公司	1
	中华化工厂	1
	中华联合工程公司	1
	广州航政局	1
	军政部交通司	1
	陕西省建设厅	1
	上海航政局	1
	延安自然科学研究院、 晋察冀军事工业部工业试验所	1
医药卫生 （28人）	上海医学院（生理科、药理学科、细菌学系）	7
	中央大学医学院（生理科、公共卫生科）	5
	北平协和医学院（寄生物学系、生理科）	3
	北京大学医学院（寄生虫学系、药学系）	2
	国立药学专科学校	2
	齐鲁大学医学院	2
	中央卫生实验院	2
	甘肃学院医学专修科	1

学　科	科　研　机　构	主要负责社员任职人次
医药卫生 （28人）	贵阳医学院	1
	河南大学理学院	1
	暨南大学	1
	江西省农学院昆虫室	1
	金陵大学农学院	1
	南京陆军医学院血清研究所	1
	医学院西北农林专科学校农化系	1
	同济大学	1
	浙江大学药学系	1
	中央大学医学院生理研究所	1
	遵义医学院	1
	北平研究院药物研究所	1
	中国科学社生物研究所动物生理学研究室	1
	中央研究院心理研究所	1
	贵州省卫生处、省立医院	1
	国民政府中央防疫处	1
	南京中央医院	1
	卫生部保健司	1
	卫生署技正	1
	中央卫生实验处	1
	军委会卫生部	1
	上海宇宙药厂	1

注：附表2是对于附表1中各科学学科门类中社员任职科研机构的人次统计，并在每一科学学科门类中，按照社员任职科研机构的人次数量从多到少排序。这是因为附表1已经显示出，中华自然科学社主要负责社员往往具有在多个科研机构任职的经历，因此附表2选取人次这一统计单位来显示在每一科学学科门类中，社员任职最多次数的科研机构，说明每一科学学科门类中的社员主要来源于哪些科研机构。

参考文献

一、资料类

[1]《社闻》(第八期)[J].中华自然科学社编印.科学世界,1933,2(3).

[2]3.农林组报告;4.工程组报告[C].中华自然科学社编行.科学世界号外·中华自然科学社西康科学考察团报告,1942.

[3]Chinese Journal of Agricultural Science[J].Nature,1944,(3902).

[4]H.Spencer Jones 著,包震爌译述.太阳的距离[J].中华自然科学社编行.科学世界,1942,11(6).

[5]Pei – Sung Tang.Biology in War – Time China[J].Nature,1944,(3897).

[6]艾华瀋.捷克一化学家传略[J].中华自然科学社编行.科学世界,1939,8(4).

[7]北京图书馆.民国时期总书目(1911—1949)自然科学·医药卫生·序I[M]北京:书目文献出版社,1995.

[8]本会呈覆教部存港图书救济范围[J].中华图书馆协会会报,1940,14(5).

[9]本会呈请教育部续予经费补助[J].中华图书馆协会会报,1940,14(5).

[10]本刊启事[J].中华自然科学社编印.科学世界,1932,1(2).

[11]本刊三卷一期化学专号征文启事[J].中华自然科学社编印.科学世界,1933,2(11).

[12]本刊征稿简则[J].中华自然科学社编行.科学世界,1947,16(1).

[13]本社"中国科学通讯"近讯[J].社闻,(63)(1943年10月20日).

[14]本社概况(1927年9月—1935年7月)[J].中华自然科学社编印.科学世界,1935,4(8).

[15]本刊征稿简约[J].中华自然科学社编行.科学世界,1943,12(4).

[16]编辑室.本刊之今后[J].中华自然科学社编行.科学世界,1947,16(1).

[17]编辑委员会.本刊之使命及今后之本刊——代卷首语[J].中华自然科学社编行.科学世界,1941,10(1).

[18]编辑委员会.编后记[J].中华自然科学社编行.科学世界,1941,10(1).

[19]编辑委员会.编后记[J].中华自然科学社编行.科学世界,1943,12(6).

[20]编者.发刊词[J].中华自然科学社编印.科学世界.1932,1(1).

[21]编者.今后的本刊[J].中华自然科学社编行.科学世界,1939,8(1).

[22]常务理事会暨年会筹备会议记录[J].社闻,(70)二十周年纪念专号(1947年8月20日).

[23]陈尔寿.北极航空地理[J].中华自然科学社编行.科学世界,1944,13(2).

[24]陈仁烈.电子波的绕射[J].中华自然科学社编行.科学世界,1942,11(1).

[25]陈延炳.科学建国与我国之研究科学者[J].中华自然科学社编行.科学世界,1943,12(3).

[26]陈岳生.科学家的责任与成功[J].中华自然科学社编行.科学世界,1947,16(3).

[27]重庆分社第二次社友大会.[J].中华自然科学社编行.社闻,(47)(1938年6月20日).

[28]重庆分社第一次社友大会.[J].中华自然科学社编行.社闻,(47)(1938年6月20日).

[29]戴安邦.为科学教育呼吁[J].中华自然科学社编行.科学世界,1942,11(3).

[30]戴谦和.今日美国之科学动态[J].中华自然科学社编行.科学世界,1942,11(4).

[31]第二次社务会.[J].中华自然科学社编行.社闻,(47)(1938年6月20日).

[32]第三次谈话会记录(三十五年十一月十七日)[J].社闻,(70)二十周年纪念专号(1947年8月20日).

[33]第三次社务会议[J].中华自然科学社编行.社闻,(48)(1938年8月20日).

[34]第十九届第五次理事会会议记录[J].社闻,(70)二十周年纪念专号(1947年8月20日).

[35]第十四届第二次社务会议记录[J].社闻,(55)(1941年4月15日).

[36]第十四届年会纪录·议决案[J].社闻(中华自然科学社组织部编行),(59)(1942年1月25日).

[37]第十五届第一次社务会记录(1941年12月21日)[J].社闻,(59)(1942年1月25日).

[38]第十一届年会记录·(甲)开会仪式及宣读论文·社务报告:由朱炳海报告[J].中华自然科学社编行.社闻,(49)(1938年12月1日).

[39]第十一届年会记录·(甲)开会仪式及宣读论文·主席杜长明致开会辞略谓[J].中华自然科学社编行.社闻,(49)(1938年12月1日).

[40]第十一届年会记录·(乙)社务会议(下午二时起)·讨论议案[J].中华自然科学社编行.社闻,(49)(1938年12月1日).

[41]第四次社务会议[J].中华自然科学社编行.社闻,(48)(1938年8月20日).

[42]第一次社务会.[J].中华自然科学社编行.社闻,(47)(1938年6月20日).

[43]丁骕.学以致用[J].中华自然科学社编行.科学世界,1948,17(3).

[44]杜长明.化学工程与民生问题[J].中华自然科学社编印.科学世界,1934,3(1).

[45]二十三年来的中华自然科学社[J].中华自然科学社编印.科学世界.1950,19(6).

[46]发展中国科学之前提[J].中华自然科学社编行.科学世界,1948,17(1).

[47]范谦衷.个人与民族生存之生物学观[J].中华自然科学社编行.科学世界,1938,7.

[48]范谦衷.科学是什么[J].中华自然科学社编印.科学世界,1935,4(9).

[49]冯凡.北京图书馆创办人袁同礼[M].河北省政协文史资料委员会.河北历史名人传·科技教育卷.石家庄:河北人民出版社,1997.

[50]高尚荫.关于最近草履虫研究之进展(一)匹配式(mating types)[J].中华自然科学社编行.科学世界,1942,11(1).

[51]葛培根.放射现象与原子理论[J].中华自然科学社编行.科学世界,1943,12(1).

[52]工程组报告(上).曾昭抡.康颠交通问题[C].中华自然科学社编行.科学世界号外·中华自然科学社西康科学考察团报告,1942.

[53]龚洪钧.论单分子化学变化[J].中华自然科学社编行.科学世界,1943,12(3).

[54]顾学箕.我们对于科学的医学应有的认识[J].中华自然科学社编印.科学世界,1936,5(9).

[55]郝景盛.抗战七年来之科学[C].孙本书等编著.中国战时学术.上海:正中书局,1946.

[56]何维拟.食盐与民生[J].中华自然科学社编行.科学世界,1938,7

(8).

[57]何志平,尹恭成,张小梅主编.中国科学技术团体.上海:上海科学普及出版社,1990.

[58]侯家骕.电子对在原子间之移动学说[J].中华自然科学社编行.科学世界,1943,12(1).

[59]胡昌炽.四川栽培梨品种之授粉研究[J].中华自然科学社编行.科学世界,1941,10(5).

[60]胡焕庸.科学工作与抗战工作之联系[J].中华自然科学社编行.科学世界,1941,10(2).

[61]蒋允功.量子力学与自然辩证法[J].中华自然科学社编行.科学世界,1941,10(6).

[62]焦启源.金鸡纳霜树在中国栽培之可能性[J].中华自然科学社编行.科学世界,1942,11(5).

[63]教育文化消息:要闻:中华自然科学社第十四届年会通过"促进科学方案"[J].教与学,1941,6(5/6).

[64]近代科学专号[上][J].中华自然科学社编印.科学世界,1935,4(6).

[65]近代科学专号[上]·小引[J].中华自然科学社编印.科学世界,1935,4(6).

[66]近代科学专号之预告[J].中华自然科学社编印.科学世界,1935,4(5).

[67]恺悌.谈研究[J].中华自然科学社编印.科学世界,1935,4(9).

[68]科学家和战争[J].中华自然科学社编印.科学世界,1936,6(1).

[69]科学救国大鼓书[N].实事白话报,1935年2月16日.

[70]科学世界编辑委员会.编后记[J].中华自然科学社编行.科学世界,1942,11(6).

[71]科学世界编辑委员会启事[J].社闻,(55)(1941年4月15日).

[72]科学世界复刊——五月一日出版第七卷第一期[J].中华自然科学

社成都分社组织股主编.成都社讯(中国国家图书馆馆藏),1938 年 8 月 15 日(创刊号).

[73]科学世界·医药专号.中华自然科学社编印.科学世界,1936,5 (9).

[74]昆明分社筹备会记录[J].中华自然科学社编行.社闻,(48)(1938 年 8 月 20 日).

[75]李方训.各科学间关系之检讨[J].中华自然科学社编行.科学世界,1941,10(3).

[76]李方训.今后我国科学问题[J].中华自然科学社编行.科学世界, 1942,11(1).

[77]李方训.科学与中国[J].中华自然科学社编行.科学世界,1947,16 (4).

[78]李凤荪.战时农业生产问题[J].中华自然科学社编印.科学世界, 1936,6(1).

[79]李国鼎.卷头语[J].中华自然科学社编行.科学世界,1947,16(8、9 期合刊).

[80]李国鼎.科学——无垠的境界[J].中华自然科学社编行.科学世界,1947,16(5).

[81]李国鼎.伦敦科学仪器展览会志略[J].中华自然科学社编印.科学世界,1935,4(3).

[82]李廷安,郭祖超.我国士兵体格检查之报告[J].中华自然科学社编行.科学世界,1943,12(5).

[83]李晓舫.建国一大需要——科学的技术人才[J].中华自然科学社编印.科学世界,1947,16(11).

[84]李秀峰.今日科学化运动应走的途径[J].中华自然科学社编行.科学世界,1938,7(8).

[85]李学通整理.中华自然科学社概况(1940 年 5 月)[J].中国科技史杂志,2008(2).

[86]李元雄.简易缩小放大尺之用法[J].中华自然科学社编行.科学世界,1944,13(2).

[87]李约瑟.战时中国之科学[M].徐贤恭,刘建康译.上海:中华书局,1947.

[88]栗作云.变形虫的采集及其简易培养法[J].中华自然科学社编行.科学世界,1942,11(2).

[89]雷肇唐.饥与渴[J].中华自然科学社编印.科学世界,1934,3(2).

[90]雷肇唐.饥与渴(续完)[J].中华自然科学社编印.科学世界,1934,3(3).

[91]卢于道.抗战七年来之科学界[C].孙本书等.中国战时学术.上海:正中书局,1946.

[92]马亦椿.三次方程式的解法[J].中华自然科学社编行.科学世界,1945,14(1).

[93]明.抗战期中我社的工作[J].中华自然科学社编行.社闻,(47)(1938年6月20日).

[94]倪约瑟.战时中国的科学(一)[M].张仪尊编译.台北:中华文化出版事业委员会出版,1955.

[95]明年的科学世界[J].中华自然科学社编印.科学世界,1935,4(12).

[96]年会盛况·四、年会通过发展我国科学方案纲要[J].社闻,(68)(1945年12月30日).

[97]年会文献·总裁对本社第十四届年会训词[J].社闻,(59)(1942年1月25日).

[98]欧陆分社本届第三次社务报告[J].中华自然科学社编行.社闻,(47)(1938年6月20日).

[99]欧陆分社来函[J].中华自然科学社编行.社闻,(47)(1938年6月20日).

[100]欧阳翥.我国科学之过去与将来[J].中华自然科学社编行.科学

世界,1943,12(6).

[101]七科学团体联合年会宣言[R].南京:中国第二历史档案馆,393.1214.

[102]钱宝钧.川康木材干馏工业之回顾与前瞻[J].中华自然科学社编行.科学世界,1941,10(5).

[103]全国第一中心图书馆委员会,全国图书联合目录编辑组编.全国中文期刊联合目录(1833—1949)[G].北京:北京图书馆出版,1961.

[104]全国学术机关团体组织战时征集图书委员会[J].中华图书馆协会会报,1939,13(5).

[105]日本防卫厅战史室.大本营陆军部(中文摘译本)(上卷)[M].天津市政协编译委员会译编.成都:四川人民出版社,1987.

[106]日月,朱谨.朱树屏信札[M].北京:海洋出版社,2007.

[107]社论·对于本届年会之期望[J].社闻,(58)(1941年7月15日).

[108]社务会启事·为组织西康考察团事[J].中华自然科学社编行.社闻,(49)(1938年12月1日).

[109]社务会征求科学世界稿并催交社费启事[J].中华自然科学社编行.社闻,(47)(1938年6月20日).

[110]沈其益.本社简史[J].社闻,(70)二十周年纪念专号(1947年8月20日).

[111]沈其益.中华自然科学社的宗旨和事业[J].科学大众(科学大众月刊社编辑),1948,4(9).

[112]沈其益,杨浪明.中华自然科学社简史[J].中国科技史料,1982(2).

[113]沈学年,刘秉宸.战时农作技术的检讨(先后分载5期发表)[J].中华自然科学社编行.科学世界,1938,7(2、3、5、6、7、8).

[114]生物专号征稿启事[J].中华自然科学社编印.科学世界,1934,3(8).

[115]十九年来的科学世界[J].中华自然科学社编印.科学世界.1950,19(6).

[116]童第周.民族复兴与人种改良[J].中华自然科学社编行.科学世界,1938,7(5).

[117]通告·(四)社务会催缴社费通告(八月十日)[J].中华自然科学社编行.社闻,(48)(1938年8月20日).

[118]童志言.军事科学之体系[J].中华自然科学社编印.科学世界,1936,6(1).

[119]涂长望,张洪沅,胡焕庸,孙光远,杜长明,沈其益.科学建设的途径[J].中华自然科学社编行.科学世界,1943,12(6).

[120]社论·本社前途的展望[J].社闻,(65)(1944年8月1日).

[121]社论:社友们,建国需要你们![J].社闻,(67)(1945年9月30日).

[122]消息:中华自然科学社第九届年会[J].《新北辰》杂志社编辑.新北辰,1936,2(7).

[123]谢息南,顾学裘.汉药大黄之科学观[J].中华自然科学社编印.科学世界,1934,3(2).

[124]徐百川.川康农田水利与抗战建国[J].中华自然科学社编行.科学世界,1941,10(5).

[125]徐利治.论平面上N个点的最小包围圈[J].中华自然科学社编行.科学世界,1942,11(2).

[126]徐燨.四定则包括三角函数及双曲线函数之三十六公式[J].中华自然科学社编行.科学世界,1943,12(1).

[127]学术情报(五月):甲、中国之部:学术团体及学术会议:中华自然科学社十周年纪念会[J].月报,1937,1(6)

[128]王兴民.西北数种军用食品之初步研究[J].中华自然科学社编行.科学世界,1943,12(3).

[129]为本社(中华自然科学社)社员日增、工作渐繁、所需经费亦巨,呈

请(中央社会部)自卅二年度起每月补助经费三千元,以继各项事业由[R].
1942 年 10 月 29 日.南京:中国第二历史档案馆,11.7133.

[130]为呈请立案事,备考附呈本社章程职员履历表会员名册等共计三
件·中华自然科学社章程(1938 年 11 月 13 日修正)[R].1939 年 5 月 22 日
封发.南京:中国第二历史档案馆,11.7133.270.

[131]文化团体组织大纲(1930 年 1 月 23 日)[Z].中国第二历史档案
馆编.中华民国史档案资料汇编·第 5 辑第 1 编·文化分册(二).南京:江
苏古籍出版社,1994.

[132]文化团体组织大纲施行细则(1931 年 2 月 23 日)[Z].中国第二
历史档案馆编.中华民国史档案资料汇编·第 5 辑第 1 编·文化分册(二).
南京:江苏古籍出版社,1994.

[133]翁克康.日常科学琐谈[J].中华自然科学社编印.科学世界,
1935,4(4).

[134]翁文灏.翁文灏先生序[C].李国鼎主编.科学世界丛书第一集·
原子核论丛,中华自然科学社出版:1947.

[135]吴襄.如何增进我们的体力[J].中华自然科学社编行.科学世界,
1939,8(1).

[136]吴芝茂.世界土壤分布概略[J].中华自然科学社编行.科学世界,
1944,13(1).

[137]项黼宸.应用(变形 Pascal 三角形)展开三项式[J].中华自然科学
社编行.科学世界,1943,12(1).

[138]薛愚.敬向科学家进一言[J].中华自然科学社编行.科学世界,
1942,11(2).

[139]训.吾人应如何奉行总裁的训示[J].社闻,(59)(1942 年 1 月 25
日).

[140]杨浪明.革命的科学运动[J].中华自然科学社编印.科学世界,
1933,4(1).

[141]叶石丁.介绍英国《自然》杂志[J].编辑学报,1989,(2).

[142]叶雪安.海福特(Hayford)旋转椭圆体之由来[J].中华自然科学社编行.科学世界,1942,11(2).

[143]益.科学建国的步伐[J].中华自然科学社编行.科学世界,1938,7(8).

[144]乙.朱炳海.本考察团之筹备工作经过[J].中华自然科学社编行.科学世界号外·中华自然科学社西康科学考察团报告,1942.

[145]一月来国内时事·文化与教育·中华自然科学社开年会[J].时事月报,1944,30(1).

[146]英国尼德汉(Joseph Needham)征求中国参加国际科学合作社及有关文书(中英文)[R].1943年10月—1944年11月.南京:中国第二历史档案馆,393(2).

[147]雍克昌.硬骨鱼卵分割细胞之原生质运动与细胞核之关系[J].中华自然科学社编行.科学世界,1943,12(6).

[148]俞飞鹏.十五年来之交通概况[M].国民政府交通部,1946年4月印行.

[149]曾昭抡.曾团长序[C].中华自然科学社编行.科学世界号外·中华自然科学社西康科学考察团报告,1942.

[150]战时图书征集委员会举行第三、第四两次执行委员会会议[J].中华图书馆协会会报,1939,13(6).

[151]战时图书征集委员会征书缘起[C].中国社会科学院近代史研究所中华民国史研究室.胡适来往书信选.北京:社会科学文献出版社,2013.

[152]张孟闻.现代科学在中国的发展[M].上海:民本出版公司,1948.

[153]张文裕.英国国立物理研究所之概况[J].1936,5(8).

[154]张文裕,李国鼎.英国剑桥大学物理实验室概况[J].1937,6(6).

[155]章之汶.自然科学与农业[J].中华自然科学社编行.科学世界,1942,11(6).

[156]张子圣.由科学现势谈到我国对于科学应有的努力[J].中华自然科学社编行.科学世界,1943,12(2).

[157]赵绵.利用点滴试验于定性分析上之分析系统[J].中华自然科学社编行.科学世界,1943,12(3).

[158]这一年[J].中华自然科学社编行.科学世界,1947,16(12).

[159]郑伯燨.非气体物质的间隙积定律[J].中华自然科学社编行.科学世界,1943,12(3).

[160]郑集.观世界博览会后致科学世界读者[J].中华自然科学社编印.科学世界,1933,2(10).

[161]郑集.科学到民间去[J].中华自然科学社编印.科学世界,1936,5(9).

[162]郑集.中华自然科学社之回顾[C].郑集.郑集科学文选.南京:南京大学出版社,1993.

[163]郑集.中华自然科学社之回顾[C].郑集.郑集科学文选.南京:南京大学出版社,1993.

[164]中国科学通信征稿启事[J].社闻,(65)(1944年8月1日).

[165]中华自然科学社成立二十周年募集基金专册[Z].南京:南京市图书馆藏,1946.

[166]中华自然科学社第八届年会宣言[J].中华自然科学社编印.科学世界,1935,4(8).

[167]中华自然科学社发行股谨启.特价订阅本刊启事[J].中华自然科学社编印.科学世界,1936,5(1).

[168]中华自然科学社广播一览表[J].中华自然科学社编行.社闻,(49)(1938年12月1日).

[169]中华自然科学社考察报告第二种·中华自然科学社西北科学考察报告[Z].地理学报,1942年第9卷.

[170]中华自然科学社西北科学考察团计划大纲[J].社闻,(55)(1941年4月15日).

[171]中华自然科学社章程(第八届年会修订)[C].何志平,尹恭成,张小梅主编.中国科学技术团体.上海:上海科学普及出版社,1990.

[172]中央社会部1938年9月15日收到的中华自然科学社报告社务状况档案;中央社会部1939年5月22日发往教育部的关于中华自然科学社核准备案情形公文档案[R].南京:中国第二历史档案馆,11.7133.

[173]朱家骅.科学研究之意见(在中华自然科学社第十四届年会讲)[J].中华自然科学社编行.科学世界,1941,11(1).

[174]总社理事会报告[J].社闻,1948(71、72合期)(1948年2月).

[175]遵令报告本社社务状况由[R].1938年9月15日收.南京:中国第二历史档案馆,11.7133.270.

二、著作类

[1][德]哈贝马斯.公共领域的结构转型[M].曹卫东等译.上海:学林出版社,1999.

[2](德)黑格尔.法哲学原理[M].范扬,张企泰译.北京:商务印书馆,1961(2016年重印).

[3][美]R.K.默顿.科学社会学——理论与经验研究(上册)[M].鲁旭东,林聚任译.北京:商务印书馆,2004.

[4](美)默顿.十七世纪英格兰的科学、技术与社会[M].范岱年等译北京:商务印书馆,2000.

[5](日)古川安著,杨舰,梁波译.科学的社会史:从文艺复兴到20世纪[M].北京:科学出版社,2011.

[6](英)贝尔纳.科学的社会功能[M].陈体芳译.桂林:广西师范大学出版社,2003.

[7]Dorinda Outran. The Enlightenment[M]. Cambridge:Cambridge Univ. Press,1995.

[8]Eliot Freidson. Professionalism:The Third Logic[M]. Cambridge:Polity Press,2001.

[9]Steven Shapin. The scientific life:A Moral History of A Late Modern [10]Vocation[M]. Chicago and London:The Univiersity of Chicago Press,2008.

[11]董光璧主编.中国近现代科学技术史[M].长沙:湖南教育出版

社,1997.

[12]段治文.中国现代科学文化的兴起(1919—1936)[M].上海:上海人民出版社,2001.

[13]范铁权.近代中国科学社团研究[M].北京:人民出版社,2011.

[14]黄兴涛主编.中国文化通史·民国卷[M].北京:北京师范大学出版社,2009.

[15]李正风,丛杭青,王前.工程伦理[M].北京:清华大学出版社,2016.

[16]梁福军.科技语体语法、规范与修辞[M].北京:清华大学出版社,2016.

[17]刘大椿,吴向红.新学苦旅:科学·社会·文化的大撞击[M].南昌:江西高校出版社,1995.

[18]刘珺珺.科学社会学[M].上海:上海科技教育出版社,2009.

[19]罗荣渠.现代化新论——世界与中国的现代化进程[M].北京:商务印书馆,2004.

[20]谢清果.中国科学文化与科学传播研究[M].厦门大学出版社,2011.

[21]汪晖.中国思想的兴起·下卷第二部·科学话语共同体[M].北京:生活·读书·新知三联书店,2004.

[22]闫坤如,龙翔.工程伦理学[M].广州:华南理工大学出版社,2016.

[23]王伦信等.中国近代中小学科学教育史[M].北京:科学普及出版社,2007.

[24]杨德才,关铃,李庆祝,鲁宗智.20世纪中国科学技术史稿[M].武汉:武汉大学出版社,1998.

[25]姚传望.认识论与当代中国实践[M].香港:香港天马出版有限公司,2009.

[26]张凤阳.现代性的谱系[M].南京:南京大学出版社,2004.

[27]张剑.科学社团在近代中国的命运——以中国科学社为中心[M].

济南:山东教育出版社,2005.

[28]张剑. 中国近代科学与科学体制化[M]. 成都:四川人民出版社,2008.

[29]张培富. 海归学子演绎化学之路:中国近代化学体制化史考[M]. 北京:科学出版社,2009.

[30]赵冬. 近代科学与中国本土实践[M]. 北京:社会科学文献出版社,2007.

三、论文类

[1][加拿大]M. 邦格. 科学技术的价值判断与道德判断[J]. 吴晓江译. 哲学译丛,1993(3).

[2]Celia Applegate. The 'Creative Possibilities of Science' in Civil Society and Public Life:A Commentary[J]. Osiris,2002,Vol. 17(2nd Series).

[3]Elizabeth A. Hachten. In Service to Science and Society:Scientists and the Public in Late – Nineteenth – Century Russia[J]. Osiris,2002,Vol. 17(2nd Series).

[4]Fa – ti Fan. Redrawing the Map Science in Twentieth – Century China[J]. Isis,2007(Vol. 98)(3).

[5]Immanuel Kant. Der Streit der Fakultäten[C]. Kants gesammelte Schriften. Berlin:G. Reimer,1907.

[6]Jessica. Wang. Scientists and the Problem of the Public in Cold War America,1945—1960[J]. Osiris,2002,Vol. 17(2nd Series).

[7]Lynn . K. Nyhart. Teaching Community Via Biology in Late – Nineteenth – Century Germany[J]. Osiris,2002,Vol. 17(2nd Series).

[8]Philip C. C. Huang. "Public Sphere"/"Civil Society" in China?:The third realm between state and society[J]. Modern China,1993(Vol 19)(2).

[9]ThomasBroman. HabermasianPublic Sphere and"Science in the Enlightenment"[J]. History of Science,1998(2).

[10]ThomasBroman. Rethinking Professionalization:Theory, Practice, and

Professional Ideology in Eighteenth – Century German Medicine[J]. The Journal of Modern History,1995,Vol. 67(4).

[11]Thomas H. Broman. Introduction:Some Preliminary Considerations on Science and Civil Society[J]. Osiris,2002,Vol. 17(2nd Series).

[12]William T. Rowe. The Public Sphere in Modern China[J]. Modern China,1990(Vol 16)(3).

[13]Zuoyue Wang. Saving China Through Science:The Science Society of China,Scientific Nationalism,and Civil Society in Republican China[J]. Osiris,2002,Vol. 17(2nd Series).

[14]安毅.论科学活动的体制化[J].自然辩证法研究,1991(12).

[15]陈大兴.论学术职业伦理的属性及其塑造[J].自然辩证法研究,2013(10).

[16]崔宜明.韦伯问题与职业伦理[J].河北学刊,2005(4).

[17]杜鹏.关于科学的社会责任[J].科学与社会,2011(1).

[18]范铁权,韩建娇.中华自然科学社与民国科学体制化的演进[J].自然辩证法研究,2012(8).

[19]冯钢.责任伦理与信念伦理:韦伯伦理思想中的康德主义[J].社会学研究,2001(4).

[20]郭正昭.“中国科学社”与中国近代科学化运动(1914—1935)——民国学会个案探讨之一[C].中华民国史料研究中心编.中国现代史研究专题报告(第1辑),1982年6月.

[21]贺善侃.论科技创新的社会价值[C].陈凡,秦书生,王健主编.科技与社会(STS)研究(2010年 第4卷),沈阳:东北大学出版社,2011.

[22]何晓明.近代中国社会构成简论[J].历史教学,1994(5).

[23]何一民.抗战时期重庆科技发展述略[J].西南师范大学学报(哲学社会科学版),1993(1).

[24]何郁冰.科学社会学视野中的科技传播和知识创新[J].自然辩证法研究,2003(7).

[25]金铎.加强基础科学研究,建设国家创新体系[J].中国基础科学, 1999,(创刊号).

[26]金观涛,刘青峰.从"群"到"社会""社会主义"——中国近代公共领域变迁的思想史研究[C].许纪霖,宋宏编.现代中国思想的核心观念.上海,上海人民出版社,2011.

[27]李晓光.论科学家的伦理责任[J].北京科技大学学报(社会科学版),2007(1).

[28]李醒民.基础科学和应用科学的界定及其相互关联[J].上海大学学报(社会科学版),2011(2).

[29]李醒民.科学家的道德责任:限度与困境[J].学术研究,2012(1).

[30]李醒民.为基础科学的存在辩护[J].武汉理工大学学报(社会科学版),2008(6).

[31]李永威.关于科普、科学和科学素养[J].清华大学学报(哲学社会科学版),2004(1).

[32]李正风,尹雪慧.科学体制化的文化诉求与文化冲突——论科学的功利性与自主性[J].科学与社会,2011(1).

[33]刘大椿.科学伦理:从规范研究到价值反思[J].南昌大学学报(人社版),2001(2).

[34]刘大椿.现代科学技术的价值考量[J].南京大学学报(哲学·人文科学·社会科学),2001(4).

[35]刘霁堂.科技工作者职业演变与科普责任[J].自然辩证法研究,2004(8).

[36]刘珺珺.科学社会史:科学史研究的渐强音[J].自然辩证法通讯,1985(2).

[37]刘思达.职业自主性与国家干预——西方职业社会学研究述评[J].社会学研究,2006(1).

[38]刘卫东.抗战前期国民政府对印支通道的经营[J].近代史研究,1998,(5).

[39]刘洋,张培富,李凤岐.近代医学制度变迁——以中西医社团为视角[J].自然科学史研究,2017(3).

[40]孟昭英.基础科学、应用科学与生产技术间的关系[J].应用科学学报,1983(3).

[41]潘建红.科技成果二重性与科学家社会伦理责任初探[J].武汉科技大学学报(社会科学版),2001(4).

[42]潘允康.城市化与道德嬗变[J].道德与文明,2004(6).

[43]潘自勉.理性与生活意义——关于责任伦理的思考[J].广东社会科学,1991(3).

[44]任定成.中国近现代科学的社会文化轨迹[J].科学技术与辩证法,1997(2).

[45]沈珠江.论科学、技术与工程之间的关系[J].科学技术与辩证法,2006(3).

[46]施若谷."科学共同体"在近代中西方的形成与比较[J].自然科学史研究,1999(1).

[47]孙磊.《科学世界》与中华自然科学社的科普理念的演进(1932—1950)[J].广西民族大学学报(自然科学版),2021(3).

[48]孙磊.民国科技工作者社会责任意识变迁史考——以中华自然科学社为中心[J].西安文理学院学报,2021(4).

[49]孙磊,张培富,贾林海.《中国科学通讯》与大后方的对外科学交流(1942—1945)[J].自然科学史研究,2016(1).

[50]陶贤都,罗元.《科学世界》与中国近代科学技术传播[J].科学技术哲学研究,2010(4).

[51]陶贤都,罗元.试论《科学世界》的办刊宗旨与编辑特色[J].中国科技期刊研究,2010(5).

[52]王大明.试论二三十年代中国科学家的社会声望问题[J].自然辩证法通讯,1988(6).

[53]王国有.西方理性主义及其现代命运[J].江海学刊,2006(4).

[54]王续琨.自然科学的学科层次及其相互关系[J].科学技术与辩证法,2002(1).

[55]文剑英."真正的"科学生活——评夏平《科学家的生活:一个晚近职业的道德史》[N].科技导报,2014,32(9).

[56]吴致远.技术与现代性的形成[J].自然辩证法研究,2012(3).

[57]夏锦乾.从对立走向统一——对中国现代化与现代性的一点思考[C].上海:中英审美现代性的差异:首届"中英马克思主义美学双边论坛"会议论文集,2011.

[58]肖大鹏,姚润泽."赛先生在中国:中国科学社成立百年纪念暨国际学术研讨会"综述[J].中国科技史杂志,2016(1).

[59]肖岁寒."市民社会"的历史考察[J].天津社会科学,1999(3).

[60]徐苗厚,张振国.从基础科学与应用科学之关系看发展我国基础研究的重要性[J].山东医科大学学报(社会科学版),1992(2).

[61]晏辉.在公共生活与私人生活之间:传统伦理的现代境遇[C].西安:第15次中韩伦理学国际讨论会会议论文集,2007.

[62]阎康年.应用科学与应用科学革命[J].自然科学史研究,2007(3).

[63]杨念群.近代中国研究中的"市民社会"——方法及限度[C].邓正来主编.国家与市民社会:中国视角.上海:上海人民出版社,2011.

[64]叶继红.科学家职业的演变过程及其社会责任[J].自然辩证法研究,2000(12).

[65]衣俊卿.现代性的维度及其当代命运[J].中国社会科学,2004(4).

[66]袁振东.20世纪30年代中国专门科学团体的崛起——以中国化学会为例[J].自然科学史研究,2009(3).

[67]翟杰全.构建面向知识经济的科技传播系统[J].科研管理,2001(1).

[68]张剑.传统与现代之间——中国科学社领导群体分析[J].史林,2002(1).

[69]张剑.从"科学救国"到"科学建国"的践行者——中国科学社对中

国近代科学发展的三大贡献[J].自然辩证法通讯,2016(3).

[70]张剑.略论中国近代科研机构体制及其特征[J].史林,2008(6).

[71]张瑾,张新华.抗日战争时期大后方科技进步述评[J].抗日战争研究,1993(4).

[72]张培富,孙磊.156项工程与1950年代中国的科技发展[J].长沙理工大学学报(社会科学版),2011(2).

[73]张培富,孙磊.科学社会学本土化新诠——以默顿范式为中心的思考[J].科学与社会,2017(3).

[74]张培富,孙磊.默顿的科学社会学研究路径的形成——兼论中国近现代科学社会史研究路径[J].山西大学学报(哲学社会科学版),2013(1).

[75]章清.省界、业界与阶级:近代中国集团力量的兴起及其难局[J].中国社会科学,2003(2).

[76]赵佳芩.科学的角色与体制化[J].自然辩证法通讯,1987(6).

[77]中国科学院科技布局研究组.关于我院科技布局调整的若干思考[J].中国科学院院刊,2007(2).

[78]周永坤.Civil Society 的意义嬗变及其内在逻辑[J].清华法学,2014(4).

四、学位论文类

[1]David C. Reynolds. The Advancement of Knowledge and the Enrichment of Life:The Science Society of China and the Understanding of Science in the Early Republic 1914—1930[D]. University of Wisconsin‐Madison,1986.

[2]陈学东.近代科学学科规训制度的生成与演化[D].山西大学科学技术哲学专业博士学位论文,2004.

[3]韩建娇.中华自然科学社研究[D].河北大学历史学专业硕士学位论文,2010.

[4]李文娟.科学现代性的谱系[D].大连理工大学科学技术哲学专业博士学位论文,2014.

[5]李正风.科学知识生产方式及其演变[D].清华大学科学技术哲学

专业博士学位论文,2005.

[6]彭国兴.20世纪前半期中国关于科学社会功能的认识研究[D].西北大学历史学专业博士学位论文,2004.

[7]孙向军.知识生产力研究[D].中共中央党校马克思主义哲学专业博士学位论文,2002.

[8]夏文华.中国现代科学文化共同体研究——以中央研究院为考察中心[D].山西大学科学技术史专业博士学位论文,2013.

[9]朱华.近代科学救国思潮研究[D].北京师范大学历史学专业博士学位论文,2006.

后　记

本书是对于 21 世纪初新兴的科学家职业伦理进行经验考察工作的成果,科学家职业伦理在国外科学史学界是一个新生理论,国际科学史学科权威刊物 OSIRIS 2002 年专刊是迄今为止关于这一理论唯一的专文集刊,本专刊以国外科学史学界在 21 世纪初期发展起来的科学与公共领域作为主题论域,形成科研工作在现代社会理性化发展轨道中的作用这一科学社会史论题,其中科学史家王作跃已经用这一理论分析了中国科学社的建制性质,启发本书作者将科学与公共领域确定为研究理论视域,由于科学与公共领域指向了科研工作在现代社会中的理性化道德意蕴,结合夏平在 2008 年出版著作中提出的科研工作中的职业伦理命题,本书的理论探索工作就走向民国科技工作者职业伦理生成史考方向,致力于恰如其分地条理化中华自然科学社社史的理论意蕴,为民国综合性科学社团这一科学社会史现象提出可行的学理解释脉络。

人们常说温故而知新,这些过往的研究经历还令本书作者获得了对于学术职业特别是从事科学史学术研究的意义认知。具体来说,这些时刻令本书作者不断地探索到开展学术研究以获取新知的有效途径,深刻体认到学术职业以获取理性新知为目标的道理。进而言之,这正是伟大的德国社会学家马克斯·韦伯(1864—1929)所指出的规律,他于 1917 年 11 月在慕尼黑大学发表一篇著名演讲,题为《学术作为一种志业》,首次指出:在以人类理性为标志的现代社会,学术研究的目的在于为社会提供理性知识;而从这一道理出发具体到科学史学科研究工作来说可知,科学史本身提供了人类探索真理以发展理性的历史图景,为走向理性化发展方向的现代社会提供了获取理性知识的历史镜鉴,使得学术界更好地认识到科研工作在现代理性社会的根本性作用及其机制,有利于现代人类明确自身的发展理性化的社会文化的使命,确立在更高的水平上持续理性化的社会发展规律自信,可以令我们不断从我们历史上的理性化起点与历程中增添智识与力量。这也就是说,科学史能够且必然会为现代社会发展指出了有益的历史启示。

本书是在山西出版传媒集团董润泽编辑和三晋出版社薛勇强编辑共同推动下成功出版的,承蒙董润泽编辑和薛勇强编辑对于书稿撰写规律的真诚指示,研究成果得以最终转型成为一部书稿,并顺利得到出版发行,作为学术著作汇入新时代社会主义学术文化发展大潮中,为中国学脉的建设增添些许理论建构与史实梳理方面的微末建树,获得与有荣焉的美好机遇。思想及此,我在这里要特别感谢董润泽编辑和薛勇强编辑的专业指导、热情帮助与负责编校,以非常感激的心意表达我的感谢之情!

最后,还有必要提及的是,本书的研究主题实是一个未经详尽开拓但颇具学理意义的学术论域,值得科学社会学界开展客观详实且论理充分的学术研究。科学社会学理论建构的意义旨趣在于发覆科学技术与社会的互动规律,致力于通过有形的科研工作运行体制机制的现象学考察,把握科学技术与社会互动的运行机理,在这一方向上,科技工作者职业伦理研究可为这一运行机理提供社会事务动力方面的理论说明,事实上社会事务运行的根本机理在于道德伦理意象的合理性,道德伦理是社会事务运行的意义渊源,为人类从事社会活动指示公共的善的实现方位,决定社会事务运行机理设计与建构方向的合理性判断理路,那么科研工作运行体制机制的设计与建构活动也应当蕴涵特定的道德伦理,指示科学技术与社会互动规律本身的公共的善的实现方位,而科技工作者职业伦理命题提出了科研工作从业者的身份共识之职业意识,指向他们对于科研工作职业的自我道德伦理认知这一问题意识,这正是考索科研工作中道德伦理意蕴可行途径,有利于阐释科研工作内在的公共的善的道德伦理实在情形,为科研工作运行体制机制建设供给动力层面的论理域。所以,民国科技工作者职业伦理研究可发挥抛砖引玉功用,国内科学社会学界在继续深入这一主题进行史实考证与论理建构同时,还有必要思考新中国成立以来现当代中国科技工作者职业伦理实在情形,这是对于当代中国科学社会学研究而言更为具有时代意义的学术研究方向。本人也当在这一方向下继续上下求索,出一份应尽之力,尽一份应尽之责。

图书在版编目（CIP）数据

科技工作者职业伦理中国化史论：以中华自然科学社社史为中心：1927—1949 / 孙磊著. -- 太原：三晋出版社，2021.10

ISBN 978-7-5457-2358-8

Ⅰ. ①科… Ⅱ. ①孙… Ⅲ. ①科技工作者—职业道德—研究—中国—1927—1949 Ⅳ. ① G315

中国版本图书馆 CIP 数据核字（2021）第 208351 号

科技工作者职业伦理中国化史论：以中华自然科学社社史为中心（1927—1949）

著 者：	孙 磊
责任编辑：	薛勇强
出 版 者：	山西出版传媒集团 三晋出版社（山西古籍出版社有限责任公司）
地 址：	太原市建设南路 21 号
电 话：	0351- 4956036 （总编室） 0351- 4922203 （印制部）
网 址：	http://www.sjcbs.cn
经 销 者：	新华书店
承 印 者：	山西海德印务有限公司
开 本：	720mm × 1020mm 1/16
印 张：	16.25
字 数：	250 千字
版 次：	2021 年 10 月 第 1 版
印 次：	2021 年 10 月 第 1 次印刷
书 号：	ISBN 978-7-5457-2358-8
定 价：	58.00 元

如有印装质量问题，请与本社发行部联系 电话：0351-4922268